정원경제학이란,

도시 공간에 '자연 자본'을 투입하여

기후 리스크를 낮추고,

쾌적성이라는 무형 자산을

'헤도닉 가격'으로 실현하여

자산 가치와 지역 경제의

파급 효과(Spillover Effect)를

극대화하는 경제 전략이다.

2

정원 경제학

"회색 도시에 초록(자연)을 입힘으로써 기후 재난 비용을 아끼고,
삭막한 소비 생활을 생산적인 활동 생활로 바꾸며,
걷고 머무는 문화를 통해 지역 상권과 자산 가치를 높이는
가장 실용적이고 따뜻한 경제학"

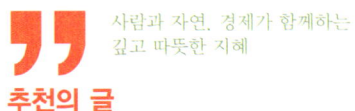

추천의 글

우리는 행복하기 위해 정원에 간다. 공공정원에서는 책임 없는 행복을 느낄 수 있다. 헤르만 헤세의 말처럼 정원은 즐거움이 자라는 밭이다. 그리고 박공영 박사가 집필한 「정원경제학」은 도시라는 밭에 정원을 심어서 시민들의 즐거움이 자라게 해준다.

강형기 │ 재단법인 예술섬 이사장, 향부숙 이사장, 국립 충북대학교 명예교수

탄소중립 시대를 맞아 대한민국이 '정원도시국가'로 자리매김하는 과정에서, '정원경제학'이라는 새로운 이론을 최초로 주창하신 작가님의 철학과 비전은 매우 중요한 의미를 지닌다고 생각합니다. 이 저서는 단순한 이론서가 아니라, **각 시·군·구 지방정부가 나아가야 할 방향과 정책적 비전을 명확하게 제시하는 실천적 교과서이자 필독서 입니다.** 대한민국 정원시대의 진정한 출발점은 바로 '정원경제학'에 있으며, 이 책은 그 출발을 이끄는 중요한 이정표가 될 것입니다.

곽상욱 │ 대한민국 ESG정원정책포럼 이사장(전 민선 5,6,7 오산시장)

'정원은 곧 경제'라는 명제를 체계적인 증거와 논거를 통해 설득력 있게 입증한 책이다. **정원식물 학자로서 늘 갈증을 느껴왔던 정원의 정책적 기여 문제를 명쾌히 풀어냈다.** 정원 정책 분야의 필독서로 추천한다.

김완순 │ 서울시립대 환경원예학과 교수, 한국정원협회 회장, 한국원예학회 차기회장

정원을 사랑한 사람이, 평생에 걸쳐 쌓아온 시선으로 도시를 다시 바라본다. 이 책은 정원을 꾸미는 대상이 아니라, 도시를 작동시키는 구조로 조용히 전환시킨다. **Beautiful Garden이 Mighty Garden으로, Garden City가 Garden Urbanism으로 이어지는 필연을 담백하게 보여준다.**

박경탁 │ 조경가, SITEDOT 공동대표

이 책은 더 좋은 도시를 만들기 위해 정원을 활용할 구체적 전략과 새로운 패러다임을 제시하고 있다. **정원의 경제적·사회적 가치를 정책 언어로, 숫자로, 실행 계획으로 풀어내야 할 미래의 도시계획가들에게 이 책을 권한다.**

박명권 │ 한국조경가협회 회장, 그룹한 어소시에이트 대표, 월간 환경과 조경 발행인

우리꽃의 가치를 세계로 알린 박공영 회장의 「정원경제학」은 정원 문화를 경제적 가치로 승화시킨 국가적 전략입니다. 이 책이 우리나라의 미래 100년을 세울 주옥같은 지침서로서 우리 강산을 풍요롭게 할 새로운 이정표가 되길 기원합니다.

이병철 | (주)아영 산이정원 대표이사, BS매니지먼트

정원은 사람이 주어진 환경을 잘 읽고 어떻게 식물을 가꾸느냐에 따라 변화한다. 그렇게 움트고 꽃피우는 식물의 생명과 고결함을 사유하며 사람도 변화한다. 사람도 자연도 서로에게 선한 영향력으로 아름답고 따뜻하게 변화한다. 정원도시를 꿈꾸는 이유이다. 정원경제학은 정원이 바람이 아니라 산업으로, 문화로, 단단하게 뿌리내려 삶에 깃들 수 있게 우리의 시선을 확장해 준다.

이유미 | 한국전통문화대학교 전통조경학과 교수(전 국립수목원 원장, 전 국립세종수목원 원장)

이 책은 인간이 자연과 연결될 때 가장 건강하고 창의적일 수 있다는 '바이오필리아'의 철학을 도시와 경제의 언어로 풀어낸다. 이러한 관점에서 정원을 비용이 아닌 자산으로 바라보고, 도시의 매력을 경제로 전환하는 전략을 구체적으로 제시한다. 특히 정원이 사람을 머물게 하고, 머무름이 곧 경제로 이어진다는 점은 '도시의 매력'이 곧 경쟁력이라는 사실을 다시 생각하게 한다. 이 책은 우리가 '어떤 도시를 만들 것인가'를 넘어 '정원을 통해 어떤 경제를 설계할 것인가'를 고민하게 하는 중요한 기준이 될 것이다.

이수연 | 서울시 경제실장(전 서울시 정원도시국장)

이 책은 정원을 단순한 경관이 아닌, 도시의 경제와 미래를 설계하는 핵심 인프라로 재정의한 매우 독창적인 저작이다. 정원을 산업의 관점에서 인식하고 우리나라 정원의 확장성을 정책, 산업, 시민 삶을 연결하는 새로운 패러다임을 통하여 제시하고 있다. 정원을 통해 도시의 부와 경쟁력을 이야기하는 이 책은 우리나라 정원산업의 이정표를 제시하는 필독서라 확신한다.

임기병 | 경북대 원예과학학과 교수(전 한국원예학회장, 전 한국화훼학회장)

저자는 흙 묻은 손으로 꽃을 심고 가치를 수확하자고 말합니다. 회색은 사라지고 생명은 성장한다고 말합니다. 이 책은 자연을 잊은 도시와 사람에게 건네는 친절한 외과수술.

황지혜 | 가든디자이너, 환경예술가

질문을 바꾸는 순간, 도시의 미래가 바뀐다

도시는 무엇으로 발전할까요?

새로운 공장과 아파트 단지, 더 넓은 도로와 쇼핑몰을 떠올리는 것이 아직까지 우리의 익숙한 상상입니다. 그러나 『정원경제학 1권』에서 우리는, 정말 우리를 부자로 만드는 것은 숫자로만 계산되는 자산이 아니라는 사실을 함께 확인했습니다. 뜨거운 도시의 열을 식히는 나무 그늘, 빗물을 머금어 재난을 막는 녹지, 걷고 싶은 거리를 만들며 상권을 다시 일으키는 골목의 정원이야 말로, 우리 삶을 실제로 넉넉하게 만드는 숨은 경제였습니다.

1권은 그 숨은 부를 찾아가는 여정이었습니다. 도시의 열섬과 홍수를 완화하는 자연의 물리적 기능, 베란다 텃밭과 숲세권이 가계와 주거 만족도를 바꾸는 생활의 경제학, 앵커 정원이 지방 도시의 브랜드와 관광을 견인하는 힘, 선형정원이 골목 상권을 살리고 서울의 혈관을 다시 잇는 과정까지, 우리는 정원이 단순한 취미가 아니라 도시를 지탱하는 인프라라는 사실을 인문학과 과학적 시각에 더해서 그, 구체적인 사례를 통해 살펴보았습니다. 그러나, 현실은 의회와 회의실로 들어오면, 이야기는 조금 다르게 흘러갑니다.

예산 편성 시즌이 되면 도로, 복지, 건물과 같은 항목들이 가장 먼저 테이블 위에 오르고, 정원 예산은 여전히 '있으면 좋은 것' 정도로 취급됩니다. "지금 당장 주차장도 부족한데, 꽃 심을 돈이 어디 있습니까?"라는 질문 앞에서, 많은 리더들의 마음속 정원구 상은 쉽게 밀려나곤 합니다. 정원의 가치를 공감한 시민과 실무자 조차, 그 가치를 숫자와 제도 위에서 끝까지 지켜 내기란 쉽지 않기 때문입니다.

그래서 이 2권이 필요합니다. 숫자로 이야기해야 합니다. 2권은 1권의 철학을 바꾸거나 누그러뜨리려는 책이 아닙니다. 오히려 1권에서 확인한 가치를 행정과 사업, 정책의 언어로 끝까지 방어하고 실현하기 위한 전략서입니다. '정원은 아름다움과 위로를 준다'는 직관을 '정원은 사람을 아름답게 살게 하고, 사회적 비용을 줄이며 자산 가치를 높인다'는 논리와 숫자로 바꾸고, '정원은 아름답다'는 공감을 '정원은 도시 경쟁력을 키우는 필수 SOC다'라는 증거로 전환하는 작업이 바로 정원경제학 2입니다.

이제 우리는 질문을 조금 바꾸려 합니다.
정원을 조성하고 관리 할 수 있느냐 없느냐가 아니라, 정원을 어디에, 어떻게 조성할 때 도시의 경제적 가치가 올라가는가? 얼마나 예쁘게 만들 것이냐가 아니라, 얼마나 똑똑하게 설계하고 운영할 것인가를 묻는 단계로 나아가려 합니다.

이 책은 네 가지 축을 따라 펼쳐집니다.

첫째, 예산과 패러다임의 전환입니다. 매년 증발하는 살수차, 복구비 등 연례 행사처럼 일어나는 재난 예산을 소멸 비용으로만 두지 않고, 홍수와 폭염을 줄이고 의료비와 에너지 비용을 절감하는 녹색 인프라 투자로 전환하는 재정 전략을 다룹니다. 정원을 비용이 아닌 자산으로 인식하게 하는 새로운 회계 언어와, 회색 인프라와 녹색 인프라의 생애주기를 비교하는 틀을 제시합니다.

둘째, 공간과 도시 구조에 대한 해법입니다. 땅이 부족한 메가시티는 옥상과 벽면, 고가도로와 복개 하천 위를 활용하는 수직·선형 정원으로, 소멸 위기를 겪는 지방 도시는 고유한 정체성을 담은 앵커 정원과 체류형 콘텐츠로 돌파해야 합니다. 스카이 가든웨이, 블루-그린 네트워크, 님비(NIMBY) 시설을 정원으로 덮어 랜드마크로 바꾸는 전략 등, 1권에서 등장한 상상들을 실제 설계와 공학, 행정 절차의 수준으로 구체화합니다.

셋째, 경제와 일자리입니다. 정원이 '숲세권'이라는 이름으로 시민의 자산을 방어하고, 골목 상권의 매출을 끌어올리는 메커니즘을 수치와 사례로 설명합니다. 동시에 정원 관리, 해설, 치유, 콘텐츠, 로컬 굿즈와 같은 일자리를 어떻게 설계하고 키울 것인지, 사회적 처방과 지역 청년의 무대를 어떻게 정원과 연결할 것인지도 함께 다룹니다.

넷째, 행정과 리더십입니다. 데이터 기반 KPI, 부서 칸막이를 허무는 조직 구조, 민·관 거버넌스, 그리고 취임 100일 안에 정원 정책을 도시의 핵심 아젠다로 올리는 골든타임 전략까지, 정원경제를 정말 성공하는 정책으로 만들기 위한 실무 매뉴얼을 제시합니다. 선거 공약에서 시작해 예산, 조직, 시민 참여, 리스크 관리에

이르기까지, 리더가 실제로 사용할 수 있는 언어로 정원을 설명합니다.

『정원경제학 1권』이 도시와 삶을 바라보는 눈을 바꿔 주는 책이었다면, 『정원경제학 2권』은 그 바뀐 눈으로 도시를 다시 설계하는 방법을 다루는 책입니다.

1권이 마음의 속도를 늦추어 주었다면, 2권은 행정의 속도를 가속화하고 바꿔주는 책입니다. 1권이 '정원이 왜 필요한가'를 묻는다면, 2권은 '정원경제를 어떻게 하면 지키고 키울 수 있는가'를 묻습니다.

이 책은 시민에게는 리더에게 건넬 수 있는 설득의 언어를, 시장·군수와 공무원에게는 정원 정책을 끝까지 밀고 갈 수 있는 근거와 로드맵을 제공하려 합니다.

이제, 계산기를 들고 정원을 이야기해 봅시다. 정원을 조성한다는 것은 꽃을 심는 일이면서 동시에 숫자를 다시 쓰는 일입니다. 예산서의 구조를 바꾸고, 도시 지도를 다시 그리고, 일자리와 자산의 흐름을 초록의 방향으로 돌리는 일입니다.

우리가 질문을 바꾸는 순간, 도시의 미래도 함께 바뀔 것입니다. '정원이 있으면 좋지 않겠냐?'에서 '정원을 선택하지 않으면 우리 도시는 무엇으로 버틸 것인가?'라고. 그 질문 앞에서, 정원경제학 2권의 페이지를 함께 펼쳐 보려고 합니다.

이제, 정원은 경제입니다.

경제학적 개념으로 정의하는 정원경제학

저 자가 정의하는 '정원경제학(Garden Economics)'은 "녹색 인프라(Green Infrastructure)를 통해 도시의 부정적 외부효과를 내부화하고, 비시장재의 가치를 자산화하여 사회적 후생과 지역 경제의 승수 효과를 극대화하는 실용 경제 모델"입니다. 이를 4가지 주요 경제학적 관점으로 상세히 설명합니다.

1. 공공경제학 : 사회적 비용의 최소화와 회피 비용
저자는 정원을 단순한 경관용 꽃밭이 아닌, 도시가 치러야 할 비용을 줄여주는 사회간 접자본(SOC)으로 정의합니다.

• **외부효과의 내부화** : 도시화로 인한 열섬 현상, 탄소 배출, 홍수 등은 시장이 해결하지 못하는 경제의 마이너스 효과, 즉, 비용입니다. 정원경제학은 기계적 장치 대신 자연 자본을 투입해 이를 상쇄시킵니다.

• **매몰 비용을 줄여주는 투자** : 정원의 증산 작용(냉방)과 투수층 확보(치수)는 에어컨 가동을 줄이고, 빗물 펌프장 증설, 재난 복구비 등 막대한 사회적 비용을 사전에 제거합니다. 이는 사후 적 복구에 들어가는 매몰 비용을 방지하는 고효율의 선제적 투자입니다.

2. 부동산경제학 : 헤도닉 가격 모형과 자산 방어
(Hedonic Pricing Model & Asset Defensibility)
주택과 도시의 가치가 물리적 스펙을 넘어 환경적 효용에 의해 결정됨을 설명합니다.

• **헤도닉 가격 모형(Hedonic Pricing Model)** : 주택 가격은 건물의 물리적 특성뿐만 아니 라 쾌적성(Amenity), 조망권(View) 등 비시장재적 요소에 의해 결정된다는 이론입니다. 저자는 '삶의 격'이나 '숲세권'과 같은 심리적 효용이 실제 시장의 지불 용의를 높여 자산 가치로 자본 화 됨을 강조합니다.

• **자산의 하방 경직성(Downside Rigidity)** : 불황기에도 정원이 잘 가꿔진 지역은 거주자의 애착(Attachment)과 주거 만족도가 높아 투매가 일어나지 않습니다. 이는 자산 가격의 급락을 막는 '자산 방어(Asset Defense)' 기제로 작동하여 리스크를 줄여줍니다.

3. 지역 및 도시경제학 : 앵커, 파급 효과, 그리고 네트워크
(Anchor, Spillover, and Network Externalities)
대형 자본의 독식이 아닌, 공간의 연결을 통한 지역 경제의 순환 구조를 다룹니다.

• **앵커 시설(Anchor Tenant)로서의 정원** : 백화점의 핵심 점포처럼, 압도적인 경관을 지닌 정원은 외부 수요를 지역 내부로 유입시키는 강력한 집객기능을 수행합니다.
• **파급 효과(Spillover Effect)와 낙수 효과** : 대형쇼핑몰 등 자본이 주도하는 '수직의 독점 경제'는 블랙홀처럼 도시의 모든 활력을 빨아들입니다. 하지만 정원이 만드는 경제는 다릅니다. 그것은 골목 구석구석으로 온기를 퍼뜨리는 '수평의 분산 경제'입니다. 정원은 자본의 장벽을 넘어, 소상공인과 이웃이 함께 잘사는 상생의 물길을 틉니다.
• **네트워크 외부성(Network Externality)** : '스카이 가든웨이'처럼 단절된 공간(점)들을 선으로 연결함으로써, 개별 공간 가치의 합보다 연결된 전체의 가치가 기하급수적으로 커지는 집적 경제(Agglomeration Economy)의 긍정적 효과를 유도합니다.
• **체류 경제(Stay Economy)와 점착성** : 경제적 부가가치는 이동 속도가 아닌 '시간 점유 (Time Share)'에 비례한다는 관점입니다. 정원은 보행자의 체류 시간을 늘리는 '점착성 (Stickiness)'을 제공하여 잠재적 소비를 유효 수요로 전환합니다.

4. 미시/행동경제학 : 심리적 소득과 가계 생산
(Psychic Income & Household Production)
개인의 효용 함수가 소비 중심에서 생산 중심으로 변화함을 설명합니다.

• **가계 생산(Household Production)과 프로슈머** : 시장에서 재화를 구매하여 효용을 얻는 단순 소비를 넘어, 베란다 텃밭 등에서 직접 식물을 기르는 행위를 통해 효용을 얻습니다. 이는 소비자인 동시에 생산자인 프로슈머(Prosumer)로의 전환을 의미합니다.
• **심리적 소득(Psychic Income)** : 정원 활동을 통해 얻는 정서적 안정감과 성취감은 화폐로 환산되지 않지만, 개인의 실질적 후생(Welfare)을 구성하는 중요한 비금전적 소득입니다.

contents

PART 1

명분과 논리, 왜 정원이 '도시의 부(富)'인가?

PART 2

지방과 도시, 어디에, 어떻게 실행할 것인가?

정원 경제학 2

도시의
부(富)를
경영하는
녹색전략

「부록으로 미리 읽는 정원경제학」
시간이 부족한 리더와 후보자라면
부록 "리더를 위한 제언"만이라도 먼저 읽어 보세요.
정원을 바라보는, 정책의 언어가 달라집니다.

PART

1

명분과 논리,
왜 정원이
'도시의 부(富)'인가?

제1장
예산의 새로운 정의,
소비인가
투자인가

꽃밭 만들 돈이 어디 있습니까?

예산, 물 먹는 하마를 찾아라

감가상각(Depreciation) vs 가치증식(Appreciation)

제1장
예산의 새로운 정의,
소비인가
투자인가

1. 꽃밭 만들 돈이 어디 있습니까?

매년 가을, 찬 바람이 불기 시작하면 시청과 군청의 불은 꺼지지 않습니다. 내년도 살림살이를 결정하는 예산 편성 시즌이기 때문입니다. 한정된 예산이라는 파이를 두고 도로과는 포장비를, 복지과는 수당을, 문화관광과는 축제 예산을 요구하며 치열한 쟁탈전을 벌입니다. 그리고 이 전쟁터의 한복판에서, 정원 예산은 언제나 가장 손쉬운 먹잇감이 됩니다. 의회 예산결산특별위원회 회의장에서는 으레 이런 날 선 질문들이 비수처럼 날아듭니다.

"국장님, 당장 주민들은 주차장 없다고 아우성이고, 경로당 난방비도 빠듯한데 한가하게 꽃 심을 돈이 어디 있습니까? 시민들이 먹고사는 문제와는 상관없는 이 사치성 예산, 전액 삭감하겠습니다."

행정가라면 누구나 한 번쯤 마주했을 뼈아픈 장면입니다. 주민들의 민원은 당장 눈앞의 불편함인 도로와 건물에 집중되어 있고, 꽃과 나무는 생존과는 거리가 먼 장식품처럼 보이기 때문입니다. 많은 단체장이 이 지점에서 물러섭니다. 정원을 만들고 싶다는 이상은 현실이라는 벽 앞에서 힘을 잃고 맙니다.

하지만 저는 이 책의 첫 장에서 감히 말씀드릴 수 있습니다. 질문이 틀렸습니다. 아니, 질문의 전제 자체가 잘못되었습니다. 우리가 정원에 사용하는 예산을 쓰고 사라지는 비용(Cost)으로 인식하는 순간 예산은 낭비되지만, 불어나는 자산으로 인식하고 설계하는 순간 도시는 부(富)를 축적하기 시작합니다. 정원에 투입되는 예산은 돈이 남을 때 하는 소비가 아니라, 도시의 재정 건전성을 지키고 미래의 부를 창출하는 가장, 생산적인 투자이고 가장, 빠른 효과를 가져다 주는 경제 컨텐츠이기 때문입니다. 저는 정원경제학을 통해 그 해답을 찾아 보여드리겠습니다.

지금의 시대, 정원은 경제입니다.

2. 예산, 물먹는 하마를 찾아라!

도시의 예산서를 냉정하게 한번 펼쳐보십시오. 우리는 매년 안전과 복구라는 이름으로 천문학적인 돈을 쓰고 있습니다. 그런데 그 돈들이 과연 도시에 무엇을 남기고 있는지 따져보아야 합니다.

매년 여름, 기후 위기는 우리에게 가혹한 계산서를 청구합니다.

기록적인 폭염이 닥치면 지자체는 비상 체제에 돌입합니다. 달궈진 아스팔트 열기를 식히기 위해 살수차 수십 대가 온종일 도로 위를 달리고, 광장에는 안개처럼 물을 뿜는 쿨링포그를 가동합니다. 여기에 들어가는 막대한 물값과 기름값, 전기료를 생각해 보십시오. 장마철은 어떻습니까? 빗물을 흡수하지 못하는 불투수 포장으로 뒤덮인 도시는 비만 오면 물바다가 됩니다. 하천 둑이 무너지고 도로가 유실되면, 우리는 막대한 재난지원금과 복구비를 투입해 무너진 것을 다시 원상태로 돌려놓습니다.

우리는 이것을 필수 예산이라 부르며 아낌없이 쓰지만, 경제학적 관점에서 보면 이것은 전형적인 매몰 비용, 즉, 쓴 돈이 새로운 자산을 만들지 못하고 사라지는 방어적 지출입니다. 살수차에 동원해 쓴 물은 증발해 버리고, 복구비는 도시의 자산을 늘려주는 것이 아니라 단지 복구하여 제로(0)로 되돌리는 데 쓰일 뿐입니다. 돈은 썼는데, 도시에 남는 자산은 아무것도 없습니다. 매년 반복되는 밑 빠진 독일뿐만 아니라 시민들은 엄청난 고통을 겪어야 합니다.

정원경제학은 바로 이 지점에서 질문을 던집니다. 왜 우리는 매몰되는 예산에는 관대하고, 가치를 키우는 예산에는 인색할까요? 그리고 시민과 군민은 또 어떻습니까? 에어컨이 없으면 잠을 잘 수가 없고, 실외기는 이웃집과 도로의 기온을 더욱 끌어올리고 도시를 달굽니다. 독거노인의 선풍기는 더워진 바람만 내뿜고 고통만 더할 뿐입니다. 정부에서 재난 복구비를 쓰지만 이미 주민들의 세간살이와 재산은 떠나간 뒤, 그 고통은 고스란히 남습니다. 즉, 천문학적인 예산을 사용하지만 주민의 삶은 더욱 고통스러워집니다.

3. 감가상각(Depreciation) vs 가치증식(Appreciation)

행정가들이 도로와 건물 같은 회색 인프라를 선호하는 이유는 성과가 눈에 확연히 보이기 때문입니다. 하지만 회색 인프라에는 치명적인 약점이 있습니다. 바로 감가상각입니다.새로 지은 건물은 준공된 그날부터 낡기 시작합니다. 1년이 지나면 금이 가고, 5년이 지나면 전면 수리를 해야 하며, 30년이 지나면 흉물이 되어 철거비용까지 청구합니다. 즉, 100억 원을 들여 지은 건물은 시간이 지날수록 유지보수 비용이 늘어나는 도시의 부채가 됩니다.

반면, 흙과 나무로 이루어진 녹색인프라(Green Infrastructure)는 정반대의 곡선을 그립니다. 오늘 심은 묘목은 볼품없을지 몰라도, 10년 뒤에는 울창한 나무가 되고, 30년 뒤에는 값을 매길 수 없는 거대한 숲이 됩니다.

뿌리는 더 깊게 땅을 움켜쥐어
지반을 튼튼하게 하고, 가지는 더 넓게 뻗어
더 많은 그늘과 산소를 만들어냅니다.
정원은 시간이 지날수록
생태적 가치와 자산 가치가
스스로 상승하는 가치 증식 자산입니다.

경기도 화담숲

정원경제학2 〈도시의 부를 경영하는 녹색 전략〉

물론 정원도 관리비가 듭니다. 하지만 그 관리비는 단순한 수선비가 아닙니다. 사람들의 마음에 자긍심을 심어주는 일자리 예산이 되고, 도시의 품격을 높이는 브랜딩 비용이 됩니다.

10억 원을 들여 아스팔트를 깔면 3년 뒤에 보수 공사를 해야 하지만, 1억 원을 들여 정원을 만들면 10년 뒤 그 가치는 10억 원 이상의 숲이 됩니다.

현명한 행정가라면 당연히 감가상각되는 자산보다 가치가 증식하는 자산에 예산을 배정해야 하지 않을까요?

제2장
융합의 기술, 4-in-1
도시 문제 해결 솔루션

행정 효율 – 단 하나의 예산으로 네 마리 토끼를 잡아라

칸막이 행정을 통합의 리더십으로

정원은 도시의 댐이자 에어컨입니다

정원은 환경과 의료 SOC입니다

제2장
융합의 기술, 4-in-1
도시 문제 해결 솔루션

1. 칸막이 행정을 통합의 리더십으로

　오늘날 도시는 교통 체증, 상습 침수, 폭염, 상권 침체, 그리고 노인 우울증까지 수만 가지 난제가 복합적으로 얽혀 있습니다. 하지만 이를 해결해야 할 행정 조직은 여전히 20세기형 칸막이에 갇혀 있습니다. 행정 현장의 기막힌 악순환을 보십시오. 도로과는 막히는 교통문제를 풀겠다며 숲을 밀어버리고 아스팔트를 넓혀 도시를 더욱 뜨겁게 만듭니다. 환경과는 그 뜨거운 열기를 식히겠다며 에너지를 써가며 쿨링 포그를 돌립니다. 재난안전과는 아스팔트와 콘크리트 건물 때문에 빗물이 한번에 몰려, 침수로 위협하자 수백억 원을 들여 빗물 펌프장을 짓습니다.

　보건담당은 더워진 도시의 삭막한 환경에서 우울증에 걸린 노인들을 치료하겠다며 의료비를 지원합니다. 한쪽 주머니의 돈으로 문제를 만들고, 다른 쪽 주머니의 돈으로 그것을 수습하는 거대한 비효율이 존재합니다. 각 부서가 각자도생하는 동안 도시는 점점 더 비용을 요구하고, 더 위험하고, 더 삭막 해집니다. 정원경제는 더 늦출 수 없어 제안합니다. 이제 이 흩어진 문제들을 '정원' 이라는 단 하나의 공간 솔루션으로 묶어야 합니다. 정원은 단순한 환경 미화 사업이 아닙니다. 도시가 안고 있는 안전, 에너지, 환경, 의료라는 네 마리 토끼를 동시에 잡는 강력한 '4-in-1 융합 플랫폼' 입니다.

2. 정원은 도시의 댐이자 에어컨입니다

기후 위기의 시대, 100년 빈도의 폭우가 매년 쏟아집니다. 지금까지는 하수관로를 넓히고 지하 대심도 터널을 뚫는 토목 공사로 대응했습니다. 하지만 여기에는 천문학적인 비용과 긴 공사 기간이 소요됩니다. 그러나 매년 침수를 막을 수는 없습니다.

지하 대심도 빗물터널 1km를 뚫는 데 드는 비용은 약 수백억 원, 완공까지는 3년 이상이 걸립니다. 그리고 완공 뒤에도 매년 막대한 유지비를 삼킵니다. 반면 도심 곳곳에 저류형 정원을 조성하는 비용은 그 몇 분의 일이며, 시공 다음 해부터 빗물을 붙잡기 시작합니다. 그 원리는 1권 2장에서 설명한 '녹색 스펀지' 그대로입니다. 2권에서 우리가 물어야 할 질문은 '왜 정원이 댐인가' 가 아닙니다. '그레이 인프라(회색 인프라)와 그린 인프라(녹색 인프라) 중 어느 쪽이 같은 예산으로 더 오래, 더 넓게 도시를 지키는가' 입니다. 도심 곳곳에 만들어진 저류형 옥상 정원, 띠녹지, 저류지는 폭우 시 빗물이 하수도로 일시에 쏠리는 것을 막아주는 천연 저류조 역할을 합니다. 따라서 정원 예산은 곧 방재 예산입니다.

또한, 매년 기록을 갱신하는 폭염은 재난 수준입니다. 달궈진 콘크리트를 식히기 위해 에어컨을 틀면, 실외기 열풍이 다시 도시를 데우는 악순환이 반복됩니다. 이러한 때, 1권에서 확인했듯, 잘 조성된 정원은 도심 평균보다 3~5℃의 냉각 효과를 발휘합니다. 이 숫자를 예산서 위에 올려놓으면 이야기가 달라집니다. 연구에 따르면 실내 온도 1℃를 낮출 때 냉방 에너지 비용은 약 7%가 절감됩니다. 즉, 정원 3℃ 냉각 = 냉방비 약 21% 절감입니다.

서울시 연간 건물 냉방 에너지 비용을 수조 원으로 추산할 때, 정원이 도시 전체에 확산된다면 이는 살수차와 쿨링포그를 영구적으로 대체하면서 냉방 예산을 절감하는 가장 값싼 에너지 SOC입니다. 따라서 정원 예산은 '환경미화비'가 아니라 '에너지 절감 투자비'로 회계 처리돼야 합니다.

3. 정원은 환경과 의료 SOC입니다

미세먼지는 침묵의 살인자입니다. 거대한 공기청정기 타워를 세운다고 도시의 공기가 맑아질까요? 불가능합니다. 오염원 바로 옆에서 정화해야 합니다. 식물은 잎의 기공으로 초미세먼지를 흡수하고, 잎 표면의 왁스층과 털로 미세먼지와 오염물질을 흡착합니다. 뿌리에서는 오염물질을 직접 정화를 하기도 합니다. 특히, 도로변의 띠녹지와 건물의 수직정원은 자동차 매연을 배출구에서 바로 걸러내는 도시의 유일한 생체 필터입니다. 정원은 관리비가 드는 경관 시설이지만, 시민의 폐를 지키는 필수 환경 SOC입니다. 정원은 의료서비스의 가장 유효한 시설이기도 합니다.

　현대인의 질병은 몸보다 마음에서 먼저 옵니다. 우울증, 공황장애, 고독사가 심각한 사회 문제입니다. 영국 등 의료 선진국에서는 의사가 우울증 환자에게 약 대신 하루 30분 정원 가꾸기를 처방하는 사회적 처방으로, 정원활동이 보편화되어 있습니다. 동네마다 있는 작은 정원은 돈 없는 서민들도 언제든 찾아가 마음을 치유할 수 있는 무료 마음병원이자, 지자체의 건강보험 재정을 아껴주는 예방 의학 센터입니다.

제3장
어메니티 경제학,
가장 현실적인
경제 정책

시민이 묻습니다

'숲세권'의 탄생

상권 활성화를 위한 가장 강력한 SOC 효과

정원은 손님을 가두지 않고 나누어 준다

제3장
어메니티 경제학,
가장 현실적인
경제 정책

1. 시민이 묻습니다

아무리 거창한 기후 위기 담론도, 당장 내일의 먹고사는 문제를 걱정하는 시민들에게는 공허한 메아리일 뿐입니다. 유권자가 정책을 평가하는 기준은 단순하고 냉정합니다. 우리 삶이, 내 자산이 얼마나 나아졌는가?

도로를 뚫고 아파트를 짓는 것만이 경제 정책이던 시대는 지났습니다. 이제는 집 앞 도로 한 면을 걷어내고 정원을 만드는 것이야말로, 가장 적은 예산으로 시민의 자산 가치를 높이는 가성비 최고의 경제 정책입니다. 그리고 소상공인들에게는 사람을 불러들이고 소득을 올려주는 경제적 관점에서 바라봐야 합니다.

2. '숲세권'의 탄생

최근 어디 아파트는 완판했다고 합니다. 그 아파트는 정원이 최고랍니다. 이제 아파트가 단순히 건물만 잘 지어진다고 가격이 오르지 않고 선호하지 않습니다. 또한 도심 한가운데 있다고 가격이 오르지 않습니다. 즉, 같은 값이면 좋은 위치나 주거 환경이 아니라 좋은 정원이나 주변의 공원과 숲이 아파트가격을 올리고 분양 시장에 줄을 서게 합니다. 또, 부동산 시장이 침체기에 접어들면, 모든 집값이 똑같이 떨어지지 않습니다. 가장 먼저, 가장 가파르게 떨어지는 곳은 살기 불편하고 삭막한 곳입니다. 반대로 불황에도 가격이 잘 떨어지지 않고 버티는 힘, 즉 하방 경직성이 강한 곳은 어디일까요? 바로 쾌적한 환경을 갖춘 정원 '숲세권' 입니다.

1권에서 설명한 경제학 이론, 헤도닉 가격 모형은 이미 시장이 증명하고 있습니다. 정원이 집값의 10~20%를 결정한다는 사실은, 지자체의 정원 투자가 곧 시민의 자산 방어라는 뜻입니다. 이것을 행정의 언어로 번역하면 이렇습니다. 시장님이 10억 원을 투자해 공원 하나를 만들면, 그 공원 반경 500m내 주택 시가총액의 10~15%가 상승 압력을 받습니다. 해당 구역 주택이 1,000가구, 평균 시가 4억 원이라면 주민 자산 총액은 4000억 원입니다. 이 중 10%만 올라도 400억 원의 자산 증가가 발생하며, 취득세, 재산세로 환수되는 세수 증가분은 투자금의 몇 배를 넘습니다.

정원은 세금 낭비가 아니라, 시민 자산을 지키고 지자체 세수를 키우는 가장 조용한 재정 정책입니다. 우리 동네에 조성된 정원은 낡은 주택의 가치가 폭락하는 것을 막아주는 든든한 경제적 안전벨트입니다. 따라서, 지자체가 정원에 투자하는 것은 세금 낭비가 아니라, 시민들의 가장 소중한 자산을 지켜주는 공공의 의무가 되었습니다.

3. 상권 활성화를 위한 가장 강력한 SOC 효과

상권 분석의 대가들은 말합니다. 속도가 빠르면 지갑이 닫히고, 속도가 느려야 지갑이 열린다고 합니다. 자동차를 타고 시속 60km로 우리 동네를 쌩하고 지나가는 사람은 지역 경제에 1원도 보태지 않습니다. 그저 매연만 남길 뿐입니다.

띠 녹지의 선형정원은 우리 생활의 가장 가까운 곳에서 접할 수 있는 정원이다 〈강동구청〉

우리는 이미 지방도시에서 2차선의 국도가 있을 때는 그래도 장사가 잘 되었지만, 새로 뚫린 4차선의 도로는 오히려, 차량과 사람을 지역에 들이지 않고 더 빠른 속도로 지나갑니다. 그러나 지역경제를 살리고 지갑을 열어 소상공인에게 경제적 이익을 주는 것은, 우리가 1권에서 보았던 경의선 숲길처럼 사람의 끊임없는 유입과 시속 2km로 이하로 천천히 걷는 '보행자' 입니다. 하지만 땡볕이 내리쬐는 아스팔트 거리에서는 아무도 걷고 싶어 하지 않습니다.

따라서, 정원은 사람의 발걸음을 멈추게 하는 경제 앵커(Anchor) 입니다. 가로수 그늘이 있고 벤치가 놓인 정원 거리는 사람을 불러오고, 걷게 하며, 머물게 합니다. 체류 시간이 길어지면 필연적으로 소비가 따라오게 되어 있습니다.

4. 정원은 손님을 가두지 않고 나누어 준다

중요한 것은 이 경제 효과가 '나눔'으로 이어진다는 점입니다. 대형 복합 쇼핑몰은 손님을 건물 안에 가두고 자본을 독점합니다. 하지만 선형으로 뻗은 정원 거리는 벽이 없습니다. 정원을 걷던 사람들은 골목 안쪽의 작은 파스타 집으로, 개성 있는 개인 카페로 스며듭니다. 정원은 손님을 불러 모으는 거대한 무대가 되고, 주변 소상공인들은 그 혜택을 누리는 주인공이 됩니다. 정원은 지자체가 투자하여 그 과실을 골목 상권과 나누는, 가장 정의로운 '나눔 경제 인프라' 입니다.

제4장
일자리 혁명.
정원은 AI가 대체할 수 없는
'지식 산업' 이다

일자리는 아름다움이고 즐거움입니다

식물 큐레이터와 나무 의사

콘텐츠와 청년의 무대가 됩니다

시민의 자부심이 되다
정원이 남기는 가장 위대한 유산

제4장
일자리 혁명.
정원은 AI가 대체할 수 없는
'지식 산업'이다

1. 일자리는 아름다움이고 즐거움입니다

"정원 관리요? 그냥 노인분들 뽑아서 풀이나 뽑게 하면 되는 거 아닙니까?" 만약 아직도 정원을 공공근로 수준의 단순 노동으로 생각하신다면 큰 오산입니다. 4차 산업혁명 시대, AI와 로봇이 인간의 일자리를 위협하고 있지만, 기계가 결코 대체할 수 없는 영역이 있습니다. 바로 살아있는 생명을 다루는 감성과 자연을 디자인하는 창의성입니다. 정원 산업은 이 두 가지가 결합된 미래형 일자리의 보고(寶庫)입니다. '그린 칼라(Green Collar)'의 산실이며, 일을 하면서도 아름다워지고 즐거움이 배가되는 일자리가 됩니다.

2. 식물 큐레이터와 나무 의사

정원은 살아있는 박물관이자 병원입니다. 단순한 관리인이 아니라, 가치를 발굴하고 치유하는 전문가가 필요합니다.

1)정원 해설사(Garden Curator)

미술관에 큐레이터가 있듯, 정원에도 해설사가 필요합니다. 그러나 정원 해설사는 단순히 식물 이름을 외워 설명하는 안내자가 아닙니다. 그는 한 도시의 자연 자산을 해석하고, 그 가치를 시민과 방문객에게 전달하고 의미를 일깨워 주는 문화 중개자입니다.

정원 해설사가 되기 위해서는 우선 식물에 대한 과학적 이해가 기초가 됩니다. 원예학, 조경학, 생태학, 산림자원학 등의 전공 지식이 기본 토대이며, 식물의 생리 · 분류 · 적응 전략을 이해해야 합니다. 그러나 이것 만으로는 부족합니다. 정원 해설은 생물학적 설명을 넘어, 지역의 역사와 문화, 지형의 기억, 그리고 사람의 삶과 연결되어야 합니다. 따라서 지역사, 문화사, 인문학적 스토리텔링 훈련이 병행되어야 합니다.

양성과정은 이론과 현장 실습이 결합된 구조여야 합니다. 식물 생태 강의, 계절별 현장 해설 실습, 해설 시나리오 작성 훈련, 관광 프로그램 기획 과정이 포함되어야 합니다. 특히 해설은 말하는 기술이 아니라 경험 설계이므로, 방문객 동선 분석, 체류 시간 설계, 감정 곡선 설계까지 교육되어야 합니다.

지역의 정원해설사들의 눈빛에서 강한 자긍심을 느낄 수 있다

현장에서 정원 해설사는 다음과 같은 역할을 수행합니다. 그들은 계절별로 다른 해설 콘텐츠를 기획하고, 꽃이 피는 시기와 단풍이 드는 시기를 중심으로 이야기 구조를 만듭니다. 어린이를 위한 생

태 체험 프로그램을 운영하고, 새를 부르기도 하며, 외국인 관광객을 위한 다국어 해설을 제공합니다. 지역 축제와 연계해 야간 정원 투어를 기획하고, SNS 콘텐츠가 생산될 수 있는 장면을 연출합니다. 이 과정에서 정원은 단순한 녹지 공간이 아니라 해석되는 자산이 됩니다. "우리 동네에 이런 나무가 있었어?"라는 시민의 감탄은 곧 지역 자부심으로 전환되고, 자부심은 정주 의지를 높이며, 이는 곧 지역 경제의 안정성으로 이어집니다. 정원 해설사는 관광 인력이 아니라, 도시 브랜드를 만드는 전문 직군입니다.

2) 나무 의사(Tree Doctor)

아픈 나무를 진단하고 처방하는 나무 의사는 정원경제학에서 녹색 자산 유지 전문가에 해당합니다. 도시의 수목은 단순한 조경 요소가 아니라, 수십 년에 걸쳐 형성된 자산입니다. 하나의 노거수가 만들어내는 생태적·경관적 가치는 수천만 원을 넘어섭니다. 이 자산을 유지하는 전문 인력이 바로 나무 의사입니다.

나무 의사가 되기 위해서는 체계적인 과학 교육이 필수입니다. 산림병리학, 수목 생리학, 토양학, 병해충학, 수목 구조역학 등 고도의 전문 과정을 이수해야 합니다. 국가 자격 체계에 따라 양성과정을 수료하고 시험을 통과해야 하며, 이후에도 지속적인 실무 경험과 교육이 병행됩니다. 그러나 나무 의사의 역할은 단순히 병을 치료하는 데 그치지 않습니다. 그는 도시 생태의 위험 신호를 읽는 사람입니다. 기후 변화로 병해충이 다양해지고, 이상 고온과 가뭄이 반복되는 지금, 수목의 생육 스트레스는 점점 복합화되고 있습니다. 나무 의사는 토양 분석을 통해 근권 환경을 개선하고, 수간

주사나 전정, 구조 보강 등을 통해 수목의 생존 가능성을 높입니다. 또한 그는 보고서를 작성하고, 수목 가치 평가를 수행하며, 보호수 관리 계획을 설계합니다. 이는 단순 기술직이 아니라, 과학적 판단과 행정적 문서 작성 능력을 동시에 요구하는 직업입니다.

고령화 사회에서 육체 노동이 아닌 전문 지식과 경험을 축적하는 직업이라는 점에서도 나무 의사는 중요한 평생 직업군입니다. 도시가 나무를 자산으로 인식하는 순간, 나무 의사는 그 자산을 지키는 핵심 인력이 됩니다.

3)정원 치유사(Garden Therapist)

정원 치유사는 정원을 의료 · 복지 인프라로 전환시키는 직업입니다. 독거노인, 우울증 환자, 직무 스트레스에 시달리는 직장인, 학업 부담에 지친 청소년 등 현대 사회의 정신적 피로를 완화하는 데 정원이 활용됩니다.

이 직업은 단순한 가드닝 강사가 아닙니다. 원예치료학, 상담심리학, 노인복지학, 작업치료학 등의 학문적 기초를 바탕으로 하며, 프로그램 설계 능력과 효과 측정 능력이 요구됩니다. 특히 사회적 처방(Social Prescribing) 개념을 이해하고, 의료 · 복지 시스템과 연결되는 구조를 설계할 수 있어야 합니다.

양성과정은 이론 교육과 현장 실습이 병행됩니다. 복지관, 정신건강센터, 기업 조직 내 스트레스 관리 프로그램에서 실습을 수행하며, 대상자 특성에 맞는 활동을 설계합니다. 치매 예방을 위한 감각 자극 정원 활동, 외상 후 스트레스 장애(PTSD) 완화를 위한 반복적 식물 관리 활동, 직장인을 위한 점심시간 치유 프로그램 등 구체적인 실행 프로그램을 구성합니다.

정원 치유사의 가치는 숫자로도 증명될 수 있습니다. 스트레스 지수 감소, 우울 척도 개선, 의료 방문 빈도 감소 등 데이터를 통해 복지 예산의 효율성을 입증할 수 있습니다. 이는 감성의 영역이 아니라, 예방 의료와 공공 재정 절감의 영역입니다. 정원 치유사는 도시가 부담해야 할 미래 의료비를 낮추는 예방 인프라 운영자입니다.

3. 콘텐츠와 청년의 무대가 됩니다

정원은 단순한 경관이 아니라, 도시의 미디어이자 시장이며, 플랫폼입니다. 청년들에게 지방에 남아 달라고 호소하는 것으로는 아무것도 바뀌지 않습니다. 청년은 의무로 머무르지 않습니다. 재능을 펼칠 무대가 있는 곳, 노력한 만큼 성장이 보이는 곳으로 이동합니다. 그래서 정원경제학은 질문을 바꿉니다. 일자리를 만들었느냐가 아니라, 청년이 스스로 콘텐츠를 만들고, 시장을 키울 수 있는 무대를 설계했는가 입니다.

아름다운 정원은 단순한 휴식 공간이 아니라, 촬영 가능한 장면이고, 이야기가 만들어지는 배경이며, 이미지가 유통되는 플랫폼입니다. 지금의 시장은 상가 건물 안에서만 형성되지 않습니다. SNS에서 먼저 이미지가 확산되고, 그 장면이 사람을 이동시키며, 이동한 사람이 소비를 만듭니다. 정원이 콘텐츠로 전환되는 순간, 도시는 관광지를 넘어 브랜드가 됩니다.

1)정원은 미디어가 되고 이미지가 사람을 움직인다

정원의 가장 강력한 기능은 '보기에 예쁘다'가 아닙니다. 정원은 매일 다른 장면을 만들어내는 미디어 SOC라는 점입니다. 빛이 바뀌고, 바람이 지나가고, 계절이 갈 때마다 같은 공간이 다른 콘텐츠가 됩니다. 이 변화는 촬영의 소재가 되고, 공유의 이유가 됩니다. 이때 경제 구조는 단순합니다. 정원(장면) → 촬영(콘텐츠) → SNS 확산(노출) → 방문 증가(유입) → 체류 확대(머무름) → 소비 발생(시장), 도시는 이 흐름을 이해해야 합니다. 정원을 만들었는데도 상권이 살아나지 않는 곳은 대부분 정원을 조성했을 뿐, 콘텐츠가 생성되는 장면을 설계하지 못했기 때문입니다. 반대로, 콘텐츠가 터지는 공간은 정원이 단순 배경이 아니라 유통되는 이미지가 됩니다. 정원은 광고비 없이 도시를 홍보하는 엔진이 될 수 있습니다.

2)서울숲이 성수동을 키운 방식, 공원이 상권의 촬영 세트가 되다

서울숲은 입장료를 받지 않는 공원입니다. 그런데 성수동은 서울숲을 중심으로 '전국구 상권'으로 성장했습니다. 이 성장은 단순히 카페가 늘어서가 아니라, 서울숲이라는 배경이 끊임없이 콘텐츠로 생산되었기 때문입니다. 주말마다 서울숲에서는 피크닉 장면이 촬영되고, 반려견 산책 브이로그가 찍히고, 패션 촬영과 웨딩 스냅이 반복됩니다. 그 콘텐츠는 SNS에서 계속 확산됩니다. 서울숲 자체는 무료지만, 그 주변의 카페·식당·편집숍은 매출을 올립니다. 즉, 서울숲은 수익 시설이 아니라 민간 시장을 견인하는 공공 촬영 플랫폼이 된 것입니다. 여기서 중요한 포인트는 이것입

니다. 서울숲은 단순히 나무가 많아서 유명해진 게 아닙니다. 사람
이 머물 수 있는 공간(잔디, 그늘, 산책 동선, 포토 스폿)이 있고,
그 장면이 반복 촬영되며, 성수동은 가야 하는 동네가 되었습니다.
정원은 도시의 브랜드 자산으로 전환됩니다.

3)연남동이 감성 상권이 된 이유, 숲길은 이미지의 생산라인이다
　연남동도 마찬가지입니다. 경의선 숲길이 조성되기 전, 연남동은
평범한 주거지에 가까웠습니다.

연남동 경의선 숲길

그러나 숲길이 생긴 뒤, 산책과 야간 조명, 골목 감성이 콘텐츠로 확산되면서 연남동은 걷고 싶은 동네라는 브랜드를 갖게 됩니다.

정원형 보행 공간이 생기면, 사람들의 속도가 느려집니다. 속도가 느려질수록 관찰하게 되고,관심과 관찰이 촬영을 낳고, 촬영이 공유를 낳습니다. 그 결과, 카페와 소규모 편집 숍, 디자인 매장이 들어서고, 청년 창업이 자리를 잡습니다. 이때 정원은 조경시설이 아니라 상권을 만들어내는 '체류 장치'로 작동합니다.

4)크리에이터의 오픈 스튜디오, 정원은 청년의 일터가 된다

정원은 크리에이터에게 가장 매력적인 오픈 스튜디오입니다. 비용을 들여 세트를 꾸미지 않아도, 정원은 계절과 자연이 스스로 연출을 해줍니다. 숲의 소리를 담는 ASMR, 정원 요리, 보태니컬 아트, 식물 브이로그는 국내를 넘어 해외에서도 소비되는 장르입니다. 정원의 장점은 무한한 소재입니다. 봄에는 꽃, 여름에는 그늘과 물소리, 가을에는 단풍과 열매, 겨울에는 설경과 고요함 등이 사계절로 갱신되기 때문에 크리에이터는 반복 방문하며 콘텐츠를 생산할 수 있습니다.

그리고 영상 하나가 도시를 알리는 최고의 홍보물이 됩니다. 지자체가 광고를 하는 것이 아니라, 청년이 콘텐츠를 만들고 도시가 자연스럽게 노출되는 구조가 만들어지는 것입니다. 정원경제학이 말하는 청년 일자리는 여기에서 시작됩니다. 정원은 청년에게 일자리라는 결과를 주는 것이 아니라, 스스로 시장을 만들 수 있는 인프라를 제공하는 것입니다.

5)걷는 공간이 소비되고, 체류 경제로 확장된다

　정원 콘텐츠가 시장으로 연결되는 핵심은 체류입니다. 자동차는 이동을 만들지만, 체류를 만들지 못합니다. 사람이 걷고, 서고, 앉아 머무는 순간 소비가 일어납니다. 정원형 보행 공간이 만들어지면, 방문객은 속도를 늦추고, 가게를 발견하고, 자연스럽게 들어갑니다. 정원은 상권의 호객행위가 아니라, 상권의 객단가와 체류 시간을 늘리는 장치입니다. 그래서 정원이 있는 곳은 단순히 사람이 많은 것이 아니라, 사람이 오래 머물고 더 많이 지출하는 공간으로 바뀝니다.

6)기념품이 아니라 정체성을 파는 로컬 굿즈 산업으로 이어진다

　콘텐츠가 확산되면 반드시 다음 단계가 옵니다. 상품화입니다. 정원의 이미지, 향기, 색감, 지역 야생화의 모티프는 굿즈로 전환될 수 있습니다. 디퓨저, 향수, 캔들, 패브릭, 패키지 디자인, 엽서와 포스터까지. 이것은 단순한 기념품이 아니라, 그 지역의 감성과 정체성을 사는 소비가 됩니다.

　성수동과 연남동이 강해진 이유 중 하나는 공간 자체가 브랜드가 되었기 때문입니다. 브랜드가 생기면 굿즈는 부가상품이 아니라 수익모델이 됩니다. 청년 창업가가 이 영역에 들어오면, 그들은 단순 판매자가 아니라 정원-도시 이미지를 상품화하는 브랜딩 사업자가 됩니다.

　정원 → 콘텐츠 → 브랜드 → 굿즈 → 온라인 판매 → 재방문이라는 구조가 만들어지면, 정원은 지속적으로 시장을 확장합니다.

7)지방 적용의 핵심, 시설이 아니라 장면을 설계하는 게 중요하다

지방 도시가 청년을 붙잡으려면 공공근로를 늘리는 방식으로는 한계가 있습니다. 핵심은 촬영 가능한 장면을 설계하는 것입니다. 예를 들면 다음과 같습니다.

사계절 포토 스폿(꽃·단풍·설경이 바뀌는 장면), 드론 촬영이 가능한 전망 정원(상징 장면 확보), 야간 조명 정원(밤 콘텐츠 확장), 로컬 푸드와 결합된 정원 요리 스튜디오(지역 농산물 소비 연동), 산책 동선과 골목 상권을 연결하는 걷는 루프(체류 경제 장치), 이러한 장면이 설계되면, 크리에이터가 먼저 움직이고, 콘텐츠가 확산되며, 방문이 늘고, 상권이 성장합니다. 정원경제학은 이 과정을 단순히 낭만적인 일이 아니라 시장 확대의 메커니즘으로 봅니다.

4. 시민의 자부심이 되다_정원이 남기는 가장 위대한 유산

마지막으로, 정원이 만들어내는 가장 위대한 생산물은 눈에 보이지 않는 자부심입니다. 경제 효과는 숫자로 계산할 수 있고, 관광객 수는 통계로 증명할 수 있습니다. 그러나 정원이 도시에 남기는 가장 깊은 변화는 통계표에 잡히지 않습니다. 그것은 시민의 표정과 말투, 그리고 태도에서 드러나는 무형의 존엄입니다.

"당신은 어디에 사십니까?"라는 질문을 받았을 때, 시민이 잠시 머뭇거리지 않고 또렷하게 자신의 도시 이름을 말할 수 있는 힘은 무엇에서 비롯될까요? 높은 빌딩일까요, 넓은 도로일까요. 물론 그것들도 도시의 일부입니다. 그러나 진정한 자부심은 콘크리트 구조물에서 오지 않습니다. 그것은 "우리 동네에는 아름다운 정원이 있고, 걸어서 갈 수 있는 숲이 있다"는 일상의 체험에서 비롯됩니다.

서울숲 인근에 거주하는 시민들은 주말 아침 산책을 일상처럼 말합니다. 연남동 주민은 '집 앞 숲길을 걷는다'는 표현을 자연스럽게 씁니다. 이 말 속에는 단순한 편의성이 아니라, 삶의 질에 대한 확신이 담겨 있습니다. 도시가 나를 배려하고 있다는 감각, 내가 살고 있는 공간이 품격을 지니고 있다는 믿음이 그들의 언어에 배어 있습니다.

아름다운 정원을 가진 도시는 시민에게 품격 있는 삶을 선물합니다. 이것은 물질적 부가 아니라, 존재의 가치에 대한 인정입니다. 내가 사는 도시가 외부 방문객에게도 매력적인 공간이라는 사실은, 곧 나 자신의 삶이 존중 받고 있다는 느낌으로 이어집니다. 시민은 스스로를 도시의 일부로 인식하고, 그 도시를 자랑스럽게 여깁니다. 이 자부심은 단순한 감정이 아닙니다. 그것은 도시를 떠나지 않게 만드는 가장 강력한 접착제입니다. 주거 이전을 고민할 때, 사람들은 단순히 집값만 계산하지 않습니다. "이 동네를 떠나고 싶은가?"라는 질문을 던집니다. 아이가 뛰어놀던 숲길, 퇴근 후 걸었던 정원, 계절마다 꽃이 바뀌던 광장이 기억으로 남아 있다면, 그 도시는 쉽게 포기하지 못합니다.

지방 소멸의 시대에 가장 위험한 것은 인구 감소 자체가 아니라, 자부심의 상실입니다. 지역이 스스로를 사랑하지 못할 때, 지역민은 머물 이유를 잃습니다. 반대로, 도시가 정원을 통해 품격을 갖

도심 한가운데 조성되어
많은 시민에게 휴식처를 제공하는 서울숲

추고, 시민이 그 공간을 체험하며 자랑할 수 있을 때, 정주는 자연스럽게 이루어집니다.

정원은 단순한 녹지 공간이 아니라, 도시의 얼굴입니다. 그 얼굴이 아름다울 때 시민은 고개를 들고 도시 이름을 말합니다. 이 무형의 자부심은 도시 경쟁력의 가장 깊은 뿌리입니다. 기업을 유치하는 것보다 먼저, 시민이 떠나지 않는 도시를 만드는 일. 정원이 수행하는 가장 위대한 역할은 바로 여기에 있습니다.

정치는 임기와 함께 끝나지만, 정원은 해마다 더 깊어집니다. 나무가 자라듯 자부심도 자랍니다. 오늘 심은 한 그루의 나무가 십년 뒤 그늘을 만들고, 그 그늘 아래서 자란 아이가 자신의 도시를 사랑하게 될 때, 그것이야 말로 도시가 얻는 가장 값진 수익입니다. 정원은 눈에 보이는 풍경을 넘어, 시민의 마음에 남는 경관을 만듭니다. 그리고 그 마음이야말로 도시를 지탱하는 가장 단단한 기반입니다.

PART

2

지방과 도시,
어디에, 어떻게 실행할 것인가?

**도시는 위로(Vertical),
지방은 안으로(Local) 파고들어라**

메가시티 솔루션, 서울

"땅이 없는 도시, 입체적 연결로 새로운 녹색 혈관을 뚫다"

PART2
지방과 도시,
어디에, 어떻게 실행할 것인가?

메가시티 솔루션, 서울
땅이 없는 도시, 입체적 연결로 새로운 녹색 혈관을 뚫다

대한민국의 심장, 서울은 지금 숨이 찹니다. 빽빽하게 들어선 빌딩 숲, 도로를 가득 메운 자동차, 그리고 평당 3억 원을 호가하는 땅값. 행정가들은 한탄합니다. "시장님, 정원을 만들고 싶어도 땅이 없습니다."

틀린 말이 아닙니다. 서울은 수평적으로 이미 포화 상태입니다. 도로를 없앨 수도, 건물을 부술 수도 없는 상황에서 평면 지도만 들여다보며 빈 땅을 찾는 것은 불가능한 미션입니다.

하지만 정원경제학은 단언합니다. 땅이 없는 것이 아니라, 상상력이 없는 것입니다. 우리는 지금까지 도시를 평면으로만 보았습니다. 시선을 평면이 아닌 입체적 공간으로 확대하십시오. 우리 머리 위에는 텅 비어 있는 수만 개의 옥상이 있고, 삭막한 콘크리트 벽면이 있으며, 자동차만 달리는 도로의 상부 공간이 있습니다.

Section A는 이 죽어 있는 유휴 공간을 입체(3D)로 깨우는 기술적 전략입니다. 비가 오면 빗물을 저장하는 옥상 댐(제5장)을 만들

고, 도로 위에 하늘 정원길(제6장)을 띄워 끊어진 녹색 혈관을 잇고, 자동차 전용도로를 덮어 한강으로 가는 언덕 정원(제7장)을 만드는 것. 이것은 토지 보상비 한 푼 들이지 않고 도시의 체적을 두 배로 넓히는 마법입니다.

존경하는 시장님, 회색 콘크리트 위에 녹색 덧칠을 하는 것은 조경(Landscaping)이지만, 회색 인프라 자체를 살아있는 녹색 인프라로 바꾸는 것은 경영입니다. 이제 서울의 모든 표면은 숨을 쉬어야 합니다. 옥상은 댐이 되고, 벽은 발전소가 되며, 도로는 숲이 됩니다. 땅이 없는 도시를 위한 가장 과감하고 혁신적인 '입체 정원'의 세계로 안내합니다.

제5장
건물 자체가
빗물을 저장하는 '댐'이자,
열을 식히는 '에어컨'이 된다

서울의 장소성, 세계 최고입니다

오아시스 시스템, 옥상은 구조적 '댐'입니다

에너지 비용 제로의 도전 – 벽면은 발전소입니다

빗물만으로 살아가는 '무관리 정원'

실행, 의무가 아니라 이익으로 유도하라

제5장
건물 자체가
빗물을 저장하는 '댐' 이자,
열을 식히는 '에어컨' 이 된다

1. 서울의 장소성, 세계 최고입니다

현재 서울은 고도로 과밀화되어 있습니다. 서울과 같은 메가시티의 행정가들이 녹지 정책을 추진할 때 가장 먼저 부딪히는 벽은 예산도 기술도 아닌, 바로 땅입니다.

"시장님, 도심에 숲을 만들고 싶어도 땅이 없습니다. 평당 3억 원을 호가하는 금싸라기 땅을 매입해 나무를 심는 건 재정적으로 불가능합니다." 실무자들의 이 항변은 타당합니다. 서울은 이미 수평적으로 꽉 들어찬 포화 상태의 도시입니다. 도로를 없앨 수도, 건물을 부술 수도 없는 상황에서 새로운 녹지를 확보하는 것은 난망한 일처럼 보입니다.

하지만 정원경제학은 시선을 옆(평면)이 아닌 위(입체)로 돌릴 것을 제안합니다. 고개를 들어 하늘을 보십시오. 하늘을 찌르는 콘크리트 회색 벽면이 보이지 않습니까? 텅 비어 있는 수만 개의 옥상 슬라브가 있고, 고가도로는 지역을 둘로 나누었지만 교통은 지옥입니다. 또, 베란다는 어떻습니까? 이 공간들은 그동안 방수 페인트만 칠하고 에어컨 실외기를 두는 용도로 방치되어 왔습니다. 이 죽어있는 유휴 공간이야 말로 도시를 살릴 수 있는 가장 거대하고 잠재력 있는 '숨겨진 영토' 입니다. 토지 보상비 0원으로 숲을 만들 수 있는 기적이 우리 머리 위에 있습니다.

2. 오아시스 시스템, 옥상은 구조적 '댐' 입니다

그동안 옥상 녹화가 실패하거나 활성화되지 못했던 이유는 단순합니다. 우리나라의 자연환경을 무시하고 유럽에서 시작된 배수 중심의 옥상 정원을 해 왔기 때문입니다. 우리의 옥상은 지금까지 선진국이라 하는 유럽이나 일본의 환경과 매우 다릅니다. 따라서 우리가 우리에게 맞는 선진국이 되어야 합니다. 겨울은 바람이 세고, 추우며 건조합니다. 여름은 햇볕이 강하며, 매우 덥고 습합니다. 따라서 물은 계절에 따라 너무도 다르게 움직입니다. 특히, 유럽과 일본처럼, 배수 위주의 옥상정원은 식물의 무덤이 되었습니다. 배수중심 설계는 흙이 금방 말라버려 식물은 고사했고, 반대로 폭우가 오면 배수에 맞춰 빗물을 빠르게 하수도로 흘려보내기 바빴습니다. 결국 관리의 어려움과 배수의 공포가 옥상 녹화를 가로막았습니다. 이 결과는 도시를 침수로 만드는 원인이 됩니다.

옥상정원은 식물이 요구하는 모든 조건을 갖추고 있다
다만, 빗물을 받을 수 있는 구조적 문제를 해결하는 순간, 작은 댐이 된다

저는 지난 십수년 간의 연구와 노력으로 인공지반의 빗물 이용, 지속가능성에 대해 연구했습니다. 지난, 2012년 박사학위 논문을 통해 이 문제를 해결할 기술적 해법을 제시하며 증명해 왔습니다. 바로 빗물을 받아 사용하는 전면 저수형 빗물 시스템(Oasis System)입니다. 이 기술의 핵심은 패러다임의 전환에 있습니다. 옥상 슬라브 위에 배수판을 깔고, 흙을 올리는 것이 아니라, 빗물을 20cm 높이 이상 가둘 수 있는 저수 공간(수조)을 구조적으로 먼저 확보하는 것입니다. 그리고 그 저수층 위에 통기층을 두고 그 위에 토양과 식물을 적용하는 것입니다. 이것은 한국의 기후와 강수 그리고 식물들의 수분포텐셜을 모두 계산하여 적용한 결과입니다. 이렇게 되면 옥상은 단순한 정원이 아니라, 365일 작동하는 식물들의 천국이며, 거대한 '분산형 댐'이 됩니다. 빗물은 행복한 식물들의 구조 유지에 동원되며 광합성에 사용하고 증산작용에 따라 하늘로 다시 환원하는 과정을 거쳐 환경까지도 돌보게 됩니다. 이는, 자연에서 보다 더 좋은 생육이 가능한 지속가능한 정원으로 변신합니다. 옥상은 식물들이 살아가기에 가장 완벽한 생태공간입니다.

옥상에 빗물을 받으면 지속가능한 생태를 구현할 수 있다
서울은 작은 옥상의 댐이 작동하는 에너지 생산 시설이다

이 시스템이 가져오는 변화를 구체적인 데이터로 설명해 보겠습니다. 비가 올 때, 이 시스템은 옥상면적 1㎡당 무려 200리터의 물을 즉시 가두어 둡니다. (1㎡ x 0.2m = 0.2㎥ = 200L) 이 수치가 얼마나 놀라운 것인지 감이 오십니까?

서울시가 강남역 일대 침수를 막기 위해 수천억 원을 들여 짓고 있는 대심도 빗물 터널이나, 양천구의 신월 빗물 저류배수시설(저류 용량 32만 톤)과 비교해 봅시다.

만약 서울시내 공공건물 옥상 면적과 교통섬이나 광장의 극히 일부인 160만㎡(약 48만 평)만 이 오아시스 시스템으로 바꾼다면, 우리는 총 32만 톤의 빗물을 건물 옥상에 가두어 둘 수 있습니다.

이는 신월 빗물 저류시설 1개를 짓는 것과 똑같은 방재 효과를 냅니다. 48만 평의 정원에서 뿜어내는 산소와 미세먼지 흡착, 그리고 온도저감 영향은 과연 경제적으로 얼마나 많은 이익을 가져다 줄까요? 지하 40m 깊이에 거대한 터널을 뚫는 토목 공사에는 막대한 예산과 긴 공사 기간이 필요합니다.

하지만 도시 곳곳에 있는 수만 개의 옥상을 '미니 댐'으로 바꾸는 일은 훨씬 빠르고, 저렴하며, 즉각적인 효과를 볼 수 있습니다.

이것이 바로 분산형 빗물 관리의 핵심이자, 식물들이 스스로 성장하며, 꽃을 피우고 열매 맺는 일련의 과정속에서 환경과 생활인프라를 개선하는, 정원경제학이 제안하는 가장 효율적인 솔루션입니다.

3. 에너지 비용 제로의 도전 – 벽면은 발전소입니다

비가 오지 않는 맑은 날, 수직정원 시스템은 발전소이자 천연 에어컨이 됩니다. 옥상의 저수층에 저장된 물과 정원, 벽면을 덮은 수직정원은 건물을 감싸는 가장 완벽한 단열재 역할을 합니다. 여름철, 옥상의 흙과 물은 태양의 열이 건물 내부로 침투하는 것을 차단하고, 식물의 잎은 증산 작용을 통해 물을 수증기로 뿜어내며 주변의 열을 식혀줍니다. 제 논문의 실증 연구 결과에 따르면, 옥상 전면 저수 시스템과 수직정원이 적용된 건물은 한여름 실내 온도가 비녹화 건물(대조구) 대비 평균 5.2℃가 낮아지고 한낮 피크 타임에는 최대 12.8℃까지 낮게 측정되었습니다.

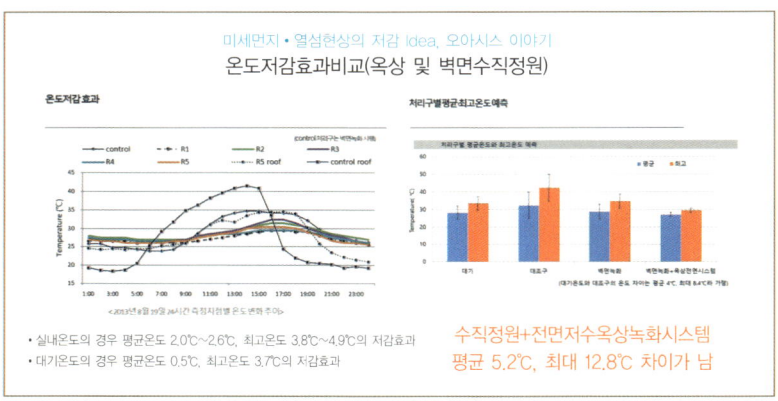

저자의 연구에서 측정된 결과로서 옥상과 수직정원을 동시에 시행할 경우의 효과이다

좌측 실험구와 우측 대조구의
열적외선 비교

에너지 관리 공단에 따르면 실내 온도를 1도 낮추면 냉방 에너지는 약 7% 절약됩니다. 즉, 5.2℃의 온도 저감 효과는 실내 냉방비를 35% 이상 절감시킨다는 뜻입니다. 그와 더불어 실외온도의 저감은 얼마나 될까요?

매년 여름 전력 예비율이 떨어져 블랙아웃(대정전) 공포에 떨 때, 우리는 발전소를 더 짓는 것만 고민했습니다. 하지만 정원은 전기를 쓰지 않고 도시를 식히는 가장 강력한 냉각장치입니다. 따라서 서울의 옥상과 수직벽면을 푸르게 하는 것은 원자력 발전소 몇 기를 짓는 것과 같은 에너지 안보 정책입니다.

4. 빗물만으로 살아가는 '무관리 정원'

"그 넓은 옥상 정원에 물은 누가 줍니까? 수도 요금은 어떡합니까?" 행정가들이 가장 걱정하는 유지관리 문제입니다. 하지만 오아시스 시스템은 이 문제에 대한 해답도 가지고 있습니다. 나는 5년간 빗물의 데이타를 현장에서 적용한 연구에서 우리나라의 강수 패턴과 강수량 분석, 식물의 수분포텐셜에 의한 증발과 무심지 연구에서 연중 옥상내에서 빗물만 가지고 살 수 있는 저류조의 높이에 대해 결론 내렸습니다. 그리고 토양 심지만으로 모든 비용을 들이지 않고도 식물이 이용할 수 있는 지속가능한 체계를 확립했습니다. 이 시스템은 빗물을 저장해 두었다가 식물이 필요할 때 단순, 토양 심지의 삼투와 식물의 수분포텐셜에 의해서 작동하게 됩니다.

자연에서와 같은 식물들의 물의 이용 원리를 적용, 스스로 물을 빨아올리게 설계되었습니다. 우리나라의 연평균 강수량과 증발량을 고려한 시뮬레이션 결과, 20cm 이상의 저수 공간만 확보되면 별도의 수돗물 공급 없이 오직 빗물만으로도 식물이 1년 내내 생존 가능함을 확인했습니다. 만약, 어쩌다 극심한 가뭄이 온다 하더라도 1~2회 정도만 물을 채우면 됩니다.

〈저자의 논문실험〉 옥상의 20cm 빗물 저수시설을 갖추면 지속가능한 옥상정원을 구축할 수 있고, 이는 실내온도 저감에도 영향을 미친다

　비가 오면 물을 채우고, 해가 뜨면 식물이 그 물을 퍼 올려 증산 작용으로 날려 보냅니다. 자연이 돌리는 이 물의 순환 펌프 덕분에 옥상의 댐인 저수통은 비워지며 일을 하고, 다음 비를 기다리는 빈 공간이 생겨납니다. 이것은 관리자의 손을 빌리지 않는 지속 가능한 생태 시스템입니다.

5. 실행, 의무가 아니라 이익으로 유도하라

기술과 효과는 증명되었습니다. 이제 남은 것은 행정의 결단과 실행 전략입니다. 건물주들에게 애국심으로 옥상에 정원을 만들라고 강요하거나, 단순히 '옥상 녹화 의무화' 조례만으로는 부족합니다. 민간이 움직이게 하려면 확실한 이익을 주어야 합니다.

첫째, 기술의 표준화와 보증입니다.
건물주들이 옥상 정원을 꺼리는 가장 큰 이유는 누수에 대한 막연한 공포입니다. 시는 방근시트와 전면 저수 시스템에 대한 기술 표준을 조례로 명시하고, 인증된 공법에 대해서는 하자 보증 기간을 대폭 늘려 신뢰를 주어야 합니다. 사실 20cm 물 층은 자외선을 차단해 방수층 수명을 오히려 늘려줍니다. 또한, 정원의 관리 어려움에 대한 불안입니다. 지역의 커뮤니티를 강화하고 정원교육을 통해서 오히려 지역 네트워크와 소통을 강화하십시오. 지역 일자리는 물론 사회적 문제까지 해소될 것입니다. 더욱이 스카이 가든웨이와 연결되는 인센티브를 제시하십시오.

둘째, 과감한 용적률 인센티브입니다.
옥상 댐을 도입하여 도시의 홍수 부하를 줄여준 민간 건축주에게는 하수도 원인자 부담금을 감면해 주고, 녹화 면적에 비례하여 용적률을 상향 조정해 주십시오. 공공이 수조 원짜리 빗물 터널을 짓는 비용보다, 민간에게 인센티브를 주어 수만 개의 옥상 댐을 만드는 것이 예산 효율성 측면에서 훨씬 남는 장사입니다.

혹은 옥상에서 장사를 할 수 있도록 조례를 변경하는 것입니다.
여름 밤, 옥상정원은 최고의 바베큐 장이 되며, 낭만적인 카페가
될 수 있습니다.

옥상정원은 빗물을 이용한 저류조로 만들고, 그 물을 이용하여 지속가능한 식생기반을 만드는 것은
작은 댐이 되고 도시의 온도를 내리는 에어컨이 된다

정원경제학2 〈도시의 부를 경영하는 녹색 전략〉

시장님, 회색 콘크리트로 덮인 옥상은 도시의 열을 뿜어내 실재로, 계란을 익힐 수 있는 프라이팬이자, 빗물을 흘려 보내는 미끄럼틀이었습니다. 하지만 이 공간에 기술을 입히는 순간, 옥상은 도시를 구하는 기후 위기 대응 전초기지가 됩니다. 땅이 없다는 핑계보다, 입체적 공간이 정원이 되는 꿈, 우리 머리 위에, 이미 가장 훌륭한 땅이 준비되어 있습니다.

제6장
입체 정원,
스카이 가든웨이 Sky Garden Way

신호등 제로(Signal Zero)와 빗물을 머금은 선형 정원의 기적

수직 상권의 탄생, 2층의 경제

도시의 혈을 뚫어 흐름을 잇다

3년이면 투자비를 회수하는 신호등 제로 경제

기술은 빗물을 저장하는 '오아시스 시스템'

고가도로, 입체 정원, 최고의 자랑이 됩니다

민간이 알아서 투자합니다

제6장
입체 정원,
스카이 가든웨이

1. 수직 상권의 탄생, 2층의 경제
생활 경제의 선순환, 정원에서 이루어진다

존경하는 시장님.

상상해 보세요. 차량의 위험과 횡단보도에서 멈춰 신호를 기다리는 게 아니라 정원을 산책하듯 막힘 없이 걷는 정원길을 말입니다. 이 구상은 단순히 고가 보도를 설치하는 사업이 아닙니다. 도시에 두 번째 지면(地面)을 만드는 일입니다.

지상은 차량이 흐르는 층으로 두고, 보도 위 지상 4~6m 높이에 사람만을 위한 연속된 정원 보행 네트워크를 구축합니다.

도시를 현재의 1면이 아니라 2면으로 조정해 사람의 길과 자동차의 길을 분리하고 정원길을 도입하면 다양한 경제적, 문화적 혁명이 일어난다.

2층 스카이 정원길은 교차로에 끊기지 않고, 건물의 2층 · 3층과 직접 연결되며, 옥상 정원과도 이어지는 입체적 보행 체계입니다.

사람은 더 이상 신호등 앞에서 멈추지 않습니다. 차량의 속도와 소음을 의식하지 않고, 꽃과 나무가 있는 공중 정원을 따라 물 흐르듯 이동합니다. 이 구조가 완성되는 순간, 도시는 평면 도시에서 입체 도시로 전환됩니다.

1) 2층 스카이 가든웨이의 기본 구조

이 네트워크는 세 가지 원리로 작동합니다.

첫째, 연속성입니다. 짧은 고가보도가 아니라, 블록과 블록을 끊기지 않고 연결하는 선형 네트워크여야 합니다. 좌우로 도로 위를 통과하고, 주요 상권을 관통하며, 공공시설과 연결됩니다.

둘째, 접속성입니다. 이 길은 단순 통과 통로가 아닙니다. 건물 2층·3층과 직접 연결되어야 합니다. 기존 1층 상권 중심 구조에서 벗어나, 2층과 허리층 공간이 새로운 경제 공간으로 살아납니다.

셋째, 정원성입니다. 단순한 데크가 아니라 식재와 그늘, 벤치, 소규모 광장을 포함한 걷는 정원이어야 합니다. 중간중간 공중 광장이 형성되어 공연, 휴식이 가능한 거점이 생깁니다.

이 세 가지가 결합되면, 이 길은 보행 인프라가 아니라 도시의 두 번째 생활 공간이 됩니다.

2) 라이프스타일의 혁명

이 길이 열리면 시민의 삶은 180도 바뀝니다. 출근길 직장인들은 지하철역에서 나와 차량과 사람이 뒤엉킨 소란스러운 보도 대신, 아름다운 정원을 걷습니다. 가끔, 클레마티스와 장미가 만든 아치를 지나며 향기를 맡을 수도 있습니다. 다양한 식물이 사계절 앞다투며, 혹은 자연스럽게 자리를 바꿔가며 피어납니다. 점심시간에는 넥타이를 푼 사람들이 삼삼오오 모여 산책하며 아이디어를 나눕니다. 평면의 도로가 도시를 단절시켰다면, 입체의 정원길은 도시를 연결합니다. 차가운 아스팔트 위에서는 누구도 대화하지 않지만, 꽃이 핀 정원 길에서는 이웃과 눈을 맞추고 인사를 나눕니다. 이것은 단순한 보행로가 아니라, 도시의 잃어버린 공동체를 회복하는 사회적 고리이자, 걷기와 커뮤니티를 통해 시민의 의료비를 줄여주는 건강 인프라입니다.

3) 수직상권의 탄생과 경제 혁명

행정가가 가장 주목해야 할 것은 상권의 지각변동입니다. 기존 도심 건물에서 상권은 철저히 1층에 집중되어 있습니다. 접근성이 좋기 때문입니다. 반면 2층, 3층은 계단을 올라야 하는 심리적 장벽 때문에 임대료가 낮고 손님을 끌기 어려운 죽은 공간이었습니다. 하지만 보도 상부에 스카이 가든웨이가 놓이고 2층을 통해서 건물로 유입되고, 다리를 통해 주변 건물들과 연결되는 순간, 도시의 층위가 바뀝니다. 사람들은 시원한 바람이 통하는 아름다운 정원길을 걷다가 반대편 도로를 건너는 X자형 육교에 마련된 거점정원에 잠시 쉬었다 자연스럽게 다리 건너 2층 카페 테라스로 들어갑니다. 3층 식당가는 자동차가 보이는 도로가 아닌, 탁 트인 정원과 스카이뷰를 가진 최고의 아름다운 자리가 됩니다. 그동안 죽어있던 건물의 허리층이 유동 인구가 가장 많이 흐르는 제2의 1층으로 부활하는 것입니다. 길 하나를 입체화했을 뿐인데, 도시 경제의 영토가 수직으로 두 배 확장되는 기적 같은 효과를 낳습니다.

4) 도시 전체가 숲이 되는 상상

이 시스템이 확장되면 도시는 거대한 입체 빌딩 숲이 됩니다. 스카이 가든웨이의 기둥을 타고 녹색 덩굴이 땅에서 올라가고, 공중의 길은 자연스러운 사계절 꽃길이 되며, 주변 건물의 옥상 정원과 연결됩니다. 발밑에는 차가 다니지만, 머리 위에는 거대한 초록 지붕이 덮인 세상. 이것은 공상과학이 아니라, 지금의 기술로 서울이 변할 수 있는 상상, 현실이 될 수 있습니다. 특히, 강동의 로데오거리나, 도로가 좁은 구도심의 상권은 1층이 아니라 2층의 정원길이 최고의 로열층이 되고 사람은 유입되며, 상권은 살아납니다. 비좁은 1층은 차에게 내어주고 2층의 좌우상권을 잇는 정원길에는 사람들의 여유있는 휴식과 생활이 있습니다. 상권엔 사람들로 북적이고 소상공인의 얼굴에 미소가 가득한 서울이 됩니다. 서울은 입체정원도시가 됩니다.

2. 도시의 혈을 뚫어 흐름을 잇다

우리는 왜, 스카이 가든웨이를 공중으로 띄워야 할까요? 교통 체증을 해결하기 위해서이기도 합니다. 우리는 도로가 막히면 도로를 넓히고 터널을 뚫습니다. 하지만 도로가 넓어져도 정체는 사라지지 않습니다. 도심 교통 체증의 본질은 도로의 용량부족이 아니라, 교차로에서의 흐름 단절이 더 큰 장애물이고 차를 주차할 곳이 마땅하지 않기 때문입니다. 특히, 교차로에서는 신호등으로 사람과 차량이 나누어 쓰는 것은 물론이도 차량들이 서로의 시간을 나누어 씁니다. 따라서 더 많은 시간을 교차로에서 허비하게 됩니다. 수천 대의 차량이 잘 달리다가도 빨간 신호등 하나에 멈춰 섭니다. 횡단보도에 파란 불이 들어오면 보행자가 건너고, 그동안 차량은 공회전을 하며 아까운 연료를 태웁니다. 반대로 차가 달릴 때 보행자는 매연을 마시며 기다려야 합니다. 평면의 교차로에서 차량과 보행자는 서로의 흐름을 방해하는 '적대적 관계' 입니다.

정원경제학의 해법은 명확합니다. 입체적 분리입니다. 차량은 지상으로, 사람은 하늘로 나누어 주면 됩니다. 보행자에게 여유롭고 아름다운 정원 길을 내어주고, 차량에게는 멈춤 없는 주행을 허락하는 '윈-윈(Win-Win)' 전략입니다.

3. 3년이면 투자비를 회수하는 신호등 제로 경제

사람이 걷는 '스카이 가든웨이' 가 교차로가 아닌 도로에서 ㅁ자 혹은 X자 형태의 정원육교인 거점정원으로 좌우로 연결하는 순간, 지상의 횡단보도와 차량 신호등은 필요 없어집니다. 이것이 바로 '신호등 제로경제' 입니다.

다만, 사거리 교차료 입체화를 동시에 진행하는 것입니다. 서울의 대표적인 상습 정체 구역인 선릉역 사거리(일평균 통행량 약 7만 대)를 기준으로 분석해 보았습니다. 신호등이 사라지면 7만 대의 차량이 신호 대기로 허비하던 평균 90초의 시간이 사라집니다. 이를 통행 시간 가치와 연료비 절감액으로 환산하면, 교차로 한 곳당 연간 약 100억 원에 가까운 사회적 비용이 절감됩니다.

서울 시내 주요 혼잡 교차로 100곳에만 적용해도 연간 1조 원을 아낄 수 있습니다. 이는 교차로 입체화 혹은 지화화 건설 비용을 불과 2~3년 안에 회수하고도 남는, 매우 높은 투자 수익률(ROI)을 가진 고효율 사업입니다. 막대한 예산이 드는 지하 터널 없이도, 지상의 혈관을 뚫어 교통 흐름을 획기적으로 개선하는 교통 혁명입니다.

도시가 2면의 층으로 전환되는 순간,
물은 머무르며, 식물의 공간이 늘어나고, 사람들이 걷게 되며 소상공인을 위한 경제 도시로 전환 된다.

4. 기술은 빗물을 저장하는 '오아시스 시스템'

"공중에 흙을 올리면 물은 어떻게 줍니까? 여름 땡볕에 다 말라 죽지 않습니까?" 가장 뼈아픈 지적입니다. 단순히 콘크리트 위에 흙만 깐다면 그것은 정원이 아니라 관리의 지옥이 됩니다. 인공 지반은 땅보다 훨씬 건조하고 뜨겁기 때문입니다.

그러나 서울의 모든 입체정원은 빗물을 저장하는 오아시스 시스템이 적용됩니다. 서울에 내리는 비는 연간 평균 1,400mm입니다. 서울의 강수량은 최근 조금씩 늘고는 있습니다만 대체로 6~7월에 집중되고 겨울에 또 한번의 눈이 쌓이게 됩니다.

핵심은 보행로 바닥 구조체 하부에 20cm 깊이의 빗물 저장 공간(Water Layer)을 일체형으로 설계하는 것입니다. 이렇게 조성되는 입체 정원은 빗물을 하수도로 바로 흘려보내지 않습니다. 빗물은 공중 댐이 관리합니다.

그리고 식물은 뿌리를 통하여 댐에 저장된 물을 스스로 빨아올려 꽃을 피우고 증발산을 하는 과정에서 도시의 온도를 낮추어 주고 다양한 경제적 잇점을 가져다줍니다. 수돗물을 끌어다 쓰는 관수 장치도, 펌프를 돌리는 전기도 필요 없습니다. 오직 하늘에서 내리는 빗물만으로 식물이 사계절 푸르게 살아가는 무동력, 무관리 시스템입니다.

이 기술이 적용될 때, 스카이 가든웨이는 삭막한 도로 위에 뜬 거대한 공중 정원이자, 도시의 열을 식히는 생태 통로로 완성됩니다.

5. 고가도로, 입체 정원, 최고의 자랑이 됩니다

도시의 면을 쌓아 올려 고가도로 위에 사람을 위한 길로
입체 스카이 가든길을 제안합니다

서울의 이런 입체화 전략은 한강위를 떠가는 강변북로나 한강 대교 뿐만아니라, 심각한 환경문제와 공간 단절로 열악한 내부순환 고가도로에도 적용됩니다. 철거나 부수는 대신, 그 위에 정원을 한 층 더 올리는 더블 데크 전략입니다. 1층은 기존 도로와 주차난을 해소하고 정원을 더 늘리며, 2층은 기존대로 고가차도로 차량 소통을 중심에 두고 3층에 새롭게 사람을 위한 길을 내는 스카이 가든웨이와 하늘 정원을 조성하는 것입니다.

이 3층의 빗물층(Water Layer)은 식물들에게 지속가능성을 제공하고 기온을 낮춥니다. 또한, 아래쪽 도로(2층)로 쏟아지는 태양 복사열을 차단하는 완벽한 단열재가 됩니다. 그리고 일정한 시간에 소음과 먼지제거를 위한 버림물로도 사용합니다.

시민들은 고가도로가 형성된 1, 2층의 소음과 매연에서 벗어나 도심 한복판을 가로지르는 녹색 띠 위를 걷게 됩니다. 토지 보상비 '0원'으로 도심 녹지 축을 만드는 '업사이클링(Up-cycling)'의 정수입니다.

6. 민간이 알아서 투자합니다

"그 거대한 구조물을 짓는 예산은 어디서 나옵니까?" 걱정하지 마십시오. 이 사업의 최대 수혜자는 바로 가치가 상승하는 주변 건물의 주인들입니다. 스카이 가든웨이와 민간 건물을 연결하는 연결 브리지(Bridge)설치 비용은 수익자 부담 원칙에 따라 건물주가 부담하게 하십시오. 대신 시는 연결 통로 부분의 용도를 상업 시설로 변경해 주거나, 옥외 영업을 허가해 주는 행정적 인센티브를 제공하면 됩니다.

건물주는 유동 인구를 2층, 3층으로 옥상으로 끌어들여서 좋고, 시는 예산을 아끼면서 인프라를 확충해서 좋습니다. 이것이 바로 민간의 욕망을 공공의 이익으로 전환하는 고도의 도시 경영 기법입니다.

제7장
마침내,
모든 길은 한강으로 흐른다

지천에서 한강까지, 도시의 끊어진 혈관을 잇는 대동맥 프로젝트

서울 정원혁명, 한강의 기적이 완성된다

복개천의 재해석, 복원은 새로운 단절이 된다

좌우를 꿰매는 꽃 터널과 아치교

길은 한강으로 모인다

제2의 한강의 기적: 국가도시공원과 모세혈관 경제

제7장
마침내,
모든 길은 한강으로 흐른다

1. 서울 정원혁명, 한강의 기적이 완성된다

존경하는 시장님!

서울은 세계적으로도 드문 천혜의 자연환경을 갖춘 도시입니다. 북한산과 도봉산, 관악산에서 시작된 맑은 물줄기는 도시의 혈관처럼 뻗어내려 결국 심장인 한강으로 모입니다. 산과 강이 어우러진 배산임수(背山臨水), 이것이 자연이 설계한 서울의 원형입니다. 하지만 지금 우리 눈앞의 현실은 어떻습니까? 산에서 내려오는 지천들은 도로를 만들기 위해 콘크리트로 덮여(복개) 어두운 지하 하수도가 되었고, 한강은 강변북로와 올림픽대로라는 거대한 자동차 장벽에 가로막혀 도시를 나누는 혐오시설로 전락했습니다. 시민들은 물을 곁에 두고도 물을 만지지 못합니다. 도시는 거대한 섬들로 파편화되었습니다. 그리고 중랑천, 안양천, 양제천 등 모든 지천들도 대부분 도로에 갇혀 있습니다.

정원경제학은 이 단절된 혈관을 다시 잇는 '블루 가든 네트워크(Blue-Graden Network)' 전략을 제안합니다. 중요한 것은 어떻게 잇느냐입니다. 무조건 파내고 부수는 방식은 하수(下手)입니다.

기존 인프라를 활용해 덮고, 올리고, 연결하는 것이야말로 고수(高手)의 전략입니다.

2. 복개천의 재해석, 복원은 새로운 단절이 된다

 하천은, 산은, 강과 차량을 위한 도로는, 지역을 나누는 경계가 됩니다. 그러나 산업이 발전하면서 필요에 의해서 하천을 덮어 도로를 만들고, 산을 잘라서 도로를 만들었습니다. 모두 차량의 소통을 위한 것입니다. 최근 많은 지자체가 복개된 하천의 콘크리트를 걷어내고 옛 물길을 복원하는 사업에 열광합니다.

 1)청계천은 새로운 단절입니다. 청계천의 성공 신화 때문입니다. 생태 복원이라는 숭고한 뜻 때문입니다. 하지만 모든 하천을 청계천처럼 만들 수는 없습니다. 복원된 청계천은 아래로 본래의 물길이 흐르는 통로가 또 하나 있습니다. 그렇지만 많은 사람들은 청계천을 생태적 복원이라 말합니다. 물고기가 돌아오고 황새가 날아듭니다. 그러나 청계천의 물은 한강의 물을 펌핑하고 중랑물재생센터 처리수를 이용 하루 20만톤을 흘려 보내는 인공형 하천으로 연간 70억원의 물 관리비용을 사용합니다. 주변 도로와의 단 차이는 4~6m이고 이는 새로운 비용이며 단절을 의미합니다.

 길게 뻗은 선형의 하천길을 걷는 사람은 많아 졌지만 과연 주변 상권과 얼마나 연결되어 있을까요? 경의선 숲길이 보여준, 혹은 서울숲이 보여준 주변상권과의 연결, 즉 소상공인의 생활 경제와는 뚜렷한 괴리가 있는 단절의 경제입니다.

2)우리는 다시 생각 해 보아야 합니다. 복개되어 도로로 사용되어오던 하천을 복원하기 위해 반듯이 철거를 선택해야 할까요? 보통, 생태적 복원은 막대한 철거 비용, 공사 후 교통 지옥, 그리고 주차장이 사라지는 것에 대한 주변 상인들의 반발도 있을 것입니다. 무엇보다 치명적인 약점은 계절성입니다. 우리나라 하천은 여름 장마철에는 폭우가 쏟아져 범람하고, 평소에는 물이 마르는 건천(乾川)입니다. 수백억을 들여 하천 바닥을 정리하고 다시 산책로와 자전거 길을 도로만큼 까는 방식과 주변에 일부 정원을 꾸미는 게 과연 맞는 방법일까요? 매년 장마 때마다 휩쓸려 내려가고 다시 복구비를 쏟아붓는 악순환이 반복됩니다. 이는 지속 가능한 모델이 아닙니다.

3)생태복원은 콘크리트 도로위에서도 복원할 수 있습니다. 정원경제학은 역발상을 제안합니다. 복개한 하천을 복원한다고 파내면 그것은 다시 단절을 만드는 일입니다. 복원 후 하천 둔치에 넓은 인도와 자전거 도로로 다시 하천을 망가 뜨리는 일이 복원일까요? 매년 침수로 식물이 떠내려 가거나 쌓이는 토사를 씻어 내는 데는 또, 얼마나 많은 예산을 쓰십니까? 정원경제학은 무조건 뜯어내는 것이 복원이라는 이론을 인정할 수 없습니다. 토목적 안전판인 기존의 복개 도로위에 정원을 얹는 생태적 복원을 제안합니다. 인공의 청계천이 생태적 복원이라 인정한다면 오히려 현재의 복개도로위에 정원을 꾸미고 빗물을 저장하는 방법, 그래서 동식물이 스스로 살아가는 환경생태적 복원이 더 환경적이고 경제적이지 않을까요? 이미 복개되어 도로나 주차장으로 쓰이고 있는 상부의 기능을

차량에서 사람으로 전환하는 것이며, 정원을 구축 하는 순간 지역 경제는 통합되고 살아납니다.

환경적, 생태복원의 가장 중요한 점은 하천의 순기능 즉, 물을 흐르게 하는 것이고 빗물을 가두어 흐르게 하는 것입니다. 그 과정에서 동식물의 삶의 터전이 되는 지속가능성이 복원의 의미라면 복개도로 위로 하천의 물을 끌어올려 흐르게 하는 것입니다.

자동차를 위한 복개도로를 걷어내지 말고 그 위에 덧입혀서 정원과 물을 넣어
평상시에는 물이 정원 사이로 흐르게 하고, 비가 올 때는 본래의 기능을 담당하게 하면
상권도 살리고 환경도 살릴 수 있습니다

이 방식은 혁신적입니다.

첫째, 안전합니다. 폭우가 오면 빗물은 지하의 기존 하천으로 빠져나가게 하고, 상부의 정원은 안전하게 빗물을 받아냅니다. 매년 떠내려가는 정원이 아니라, 365일 안전한 정원이 됩니다.

둘째, 저렴합니다. 땅을 파고 구조물을 철거하는 토목 공사비가 들지 않습니다. 도로 다이어트만으로 즉시 시공이 가능합니다. 주민들과 합의만 된다면 몇 개월이면 공사를 완료하고 비용은 10분의 1도 들지 않습니다.

셋째, 생태적 지속가능 합니다. 정원의 토양아래를 적시며 흐르는 물은 식물뿌리로 인해 정화되고 아이들은 발을 담그고 생태적 경험이 되는 친수 공간이 됩니다. 굳이, 하천수가 아니어도 빗물만으로도 지속가능한 생태정원을 완성할 수 있습니다.

넷째, 소통과 지역상권이 살아납니다. 가장 중요한 생활경제의 터전이 될 수 있습니다. 도로로 단절되었던 상권이, 또, 하천으로 단절되었던 상권이 정원을 중심으로 좌우가 연결됩니다. 특히, 좌우의 상권이 선형으로 이어져 지역사람은 물론 외지에서 찾아오는 소비자를 만날 수 있는 소상공인의 햇살 정원이 됩니다.

3. 좌우를 꿰매는 꽃 터널과 아치교

소하천의 상류는 물이 거의 흐르지 않고, 구도심과 저층의 마을 한가운데를 흐르는 경우가 대부분이며 복개되지 않았다면 깊게 파이고 옹벽이 높은 U자형의 좁은 하천이 대부분입니다. 그러나 많은 시민들은 그 좁은 하천을 데크를 통해 산책을 합니다. 그러나 마른 도심의 소하천(건천)들은 어떻게 해야 할까요? 잡초만 무성하게 방치된 이곳을 상권의 레드카펫으로 바꿔야 합니다.

첫째, 꽃 터널과 거점 전략입니다. 소량의 물줄기는 자연스럽게 흐르도록 두어 생태성을 살리되, 평상시에는 건천이지만 폭우시 엄청난 물을 받아내야 하는 소하천은 큰 나무가 없어 여름철 더위를 피할 수 없습니다. 이런 구간 중 삭막하지만 주변상권과 좌우 상권과 연결되어 있는 곳을 정해 300m ~500m 구간을 테마가 있는 거점 정원을 만듭니다. 그 구간은 등나무, 능소화, 장미 같은 덩굴식물을 적용하는, 아치형 구조물로 연결, 꽃 터널을 완성합니다. 꽃이 필 때는 환상적인 꽃터널이 관광객을 불러들입니다. 주변의 상권은 꽃냄새를 따라 돈냄새가 납니다. 여름에는 그늘을 제공하고 시원한 계곡바람과 함께 시민들의 휴식처가 됩니다. 이 터널은 외부 관광객을 지역 깊숙한 곳까지 자연스럽게 유입시키는 보행 컨베이어 벨트가 됩니다.

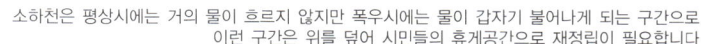

소하천은 평상시에는 거의 물이 흐르지 않지만 폭우시에는 물이 갑자기 불어나게 되는 구간으로
이런 구간은 위를 덮어 시민들의 휴게공간으로 재정립이 필요합니다

둘째, '아치형 인도교'를 통한 단절의 봉합입니다. 소하천의 가장 큰 문제는 깊게 파인 지형 탓에 좌우 마을과 상권이 단절된다는 점입니다. 이곳에 차량용 교량이 아닌, 아름다운 디자인의 보행 전용 아치교를 놓아야 합니다. 이 다리는 단순한 이동 통로가 아닙니다. 다리 위 자체가 정원이 되고 전망대가 되어야 합니다.

다리가 놓이는 순간, 하천 건너 아파트 주민이 차를 타고 먼 상권까지 가지 않고 걸어서 우리 동네 카페로 넘어오고, 양쪽 상권을 자유롭게 넘나듭니다. 물리적 단절을 꿰매어 생활권과 상권을 하나로 통합하는 전략입니다. 만약 가능하다면 복개정원이 해답이 될 수도 있습니다.

한강은 서울의 중심이 되어, 제2의 한강의 기적을 이루어 내는 경제축이 될 수 있습니다

4. 길은 한강으로 모인다

　산에서 내려온 소하천과 지천을 따라 내려온 시민들의 발걸음은 결국 한강으로 향합니다. 그러나 한강을 향해 걸어온 그린웨이와 스카이 가든웨이는 한강의 문턱에서 멈춰 서고 맙니다. 강변북로와 올림픽대로라는, 쌩쌩 달리는 거대한 자동차의 강이 가로막고 있기 때문입니다. 좁고 어두운 토끼굴(나들목)이나 가파른 육교로는 이 거대한 단절을 극복할 수 없습니다.

　정원경제학은 제안합니다. 도로를 부분 지하화 하거나, 지형을 들어 올려 언덕화 하여 도로 위를 덮으십시오. 바로 덮개공원이 되고 작은 구릉동산이 됩니다. 자동차 전용도로의 일부 구간 상부를 아름다운 스카이라인을 가진 작은 동산, 언덕으로 만들어 그린웨이와 스카이 가든웨이에서 한강으로 바로 진입하게 됩니다. 이때 평평하게만 덮는 것이 아니라, 도심 쪽에서 강 쪽으로 자연스럽게 이어지는 완만한 언덕(Hill)형태의 지형은 그 자체로 아름다운 경관이 됩니다. 마치 자연스러운 산자락처럼 도시에서 한강으로 이어지는 '스카이 가든 언덕'을 만드는 것입니다.

　이 언덕 위에는 숲과 잔디밭과 정원이 조성됩니다. 도심의 스카이 가든웨이를 타고 온 시민들은, 이 언덕 정원을 통해 자연스럽게 한강변으로 걸어 내려가게 됩니다. 아이들은 뛰고 뒹굴 수 있는 공간이 됩니다. 이는 단순한 공원 조성이 아닙니다. '새로운 영토'의 창조입니다. 토지 보상비 한 푼 없이 서울에서 가장 전망 좋은 땅을 만들어내고, 단절되었던 도시 조직을 한강과 직접 연결하는 공간 창조의 마법이 됩니다.

한강의 기적은
상권의 활력을 서울 전역으로 확장하는 의미가 있고
특히, 소상공인과 시장을 중심으로
전세계인의 선형, 거점 정원이 될 수 있습니다

5. 제2의 한강의 기적 : 국가도시공원과 모세혈관 경제

저는 제안합니다.

한강 수변 구역 전체를 대한민국 제1호 '국가도시공원(National Urban Park)'이자 '세계 최대의 선형 정원(The Worlds Largest Linear Garden)'으로 선포하십시오.

뉴욕의 센트럴파크가 도심 속의 섬이라면, 서울의 한강 정원은 도시 전체의 신경망과 연결된 거대한 플랫폼입니다. 이 플랫폼의 에너지는 강변에 머물지 않습니다.

한강 국가정원에 모인 수천만 명의 방문객은 지천(중랑천, 안양천, 홍재천, 양재천)을 따라, 그리고 덮개공원과 스카이 가든웨이를 타고 각 자치구의 도심으로, 골목 상권으로 역류하여 흘러 들어갑니다.

이 흐름 위에서 기회를 잡는 것은 거대 자본이 아닙니다. 한강과 연결된 길목을 지키는 중소 상공인과, 창의적인 콘텐츠로 무장한 청년 창업가들입니다.

한강의 기적이 과거에는 굴뚝 산업과 대기업 위주의 성장이었다면, '제2의 한강의 기적'은 정원이라는 인프라를 통해 문화와 골목 경제가 살아나고 청년들이 꿈을 펼치는 상생과 확장의 기적이 될 것입니다. 이것이 대한민국 전체의 새로운 성장 동력이 될 것입니다.

시장님, 물길은 도시의 숨결입니다. 지천에서 한강까지, 그리고 한강에서 다시 골목으로. 이 거대한 순환의 고리를 연결하는 것, 그것이 정원경제학이 그리는 서울의 미래이자 완성입니다.

지방, 소멸위기 도시 전략
로컬의 해법

"사람이 없는 도시, 대체 불가능한 오리지널리티(Originality)로 승부하라"

지방, 소멸위기 도시 전략 – 로컬의 해법

사람이 없는 도시,
대체 불가능한 오리지널리티(Originality)로 승부하라

대한민국은 지금 두 개의 전혀 다른 전쟁을 치르고 있습니다. 하나는 땅 한 평이 아쉬워 하늘로 정원을 올려야 하는 서울과 수도권의 공간과의 전쟁이고, 다른 하나는 텅 빈 도시에 활력을 불어넣어야 하는 지방의 소멸과의 전쟁입니다.

원인이 다르면 처방도 달라야 합니다. 서울의 정원이 삭막한 빌딩 숲을 식히는 쉼표라면, 지방의 정원은 사람의 발길이 끊긴 도시에 수혈을 하는 다급한 느낌표여야 합니다. 서울의 전략이 효율적인 입체화라면, 지방의 전략은 압도적인 지역 차별화여야 합니다.

지금 지방 도시들은 생존을 건 제로섬 게임을 벌이고 있습니다. 인구는 줄어드는데 모든 지자체가 똑같은 출렁다리를 놓고, 똑같은 케이블카를 설치하며 옆 동네 관광객을 뺏어오려 안간힘을 씁니다. 하지만 냉정히 말해, '제2의 순천만'은 필요 없습니다. 관광객은 굳이 멀고 낯선 곳에 있는 아류를 보러 오지 않기 때문입니다. 오히려, 제2의 순천만을 베끼는 순간 비용이 되고 밑빠진 독에

물붙기가 됩니다.

Section B는 이 소모적인 경쟁을 끝낼 오리지널리티(Originality)에 대해 이야기합니다. 진정한 경쟁력은 남들이 부러워하는 화려함이 아니라, 우리 지역이 감추고 싶었던 상처와 결핍속에 숨어 있는지도 모릅니다. 버려진 폐 채석장이 그랜드캐니언보다 웅장한 정원이 되고, 기피하던 쓰레기 매립장이 세계적인 명소가 되는 기적은 오직 우리만의 땅, 장소성을 깊이 들여다볼 때 시작됩니다.

존경하는 시장님, 군수님.

이제, 옆 동네를 곁눈질하는 '벤치마킹'을 멈추십시오. 대신 우리 발밑, 주변을 살펴 보십시오. 남들에게는 없고 우리에게만 있는 것, 가장 지역적인 것이 가장 세계적인 정원이 됩니다. 사람이 오지 않는 도시를 구원할 유일한 해법, 대체 불가능한 매력의 세계로 안내 하겠습니다.

독일 뒤스부르크 환경공원

제8장
제2의 순천만 정원은 없다

벤치마킹의 함정,
남의 결과를 베끼지 말고 성공의 원인을 찾아라

짝퉁은 비극입니다

장소성, 입지의 경제학,
아름다운 숲은 죄가 없지만, 멀리 있는 숲은 적자입니다

유입의 기술, 사람을 부르는 '삐끼정원'이 필요하다

상처 입은 땅이 가장 세계적인 정원이 된다

제8장
제2의 순천만 정원은 없다

1. 짝퉁은 비극입니다

　존경하는 군수님, 시장님!
선거철이나 새해 업무 보고 때마다 지자체장 집무실에서 가장 많이 들리는 말이 있습니다. "옆 동네가 출렁다리로 대박 났다는데, 우리는 더 긴 다리를 놓읍시다.", "순천만 국가정원이 1,000만 명이 온답니다. 우리도 강변에 갈대를 심고 '제2의 순천만'을 만듭시다."

　행정 현장에서는 이를 선진지 벤치마킹이라 부르지만, 냉정하게 말해 이것은 아류(亞流) 만들기에 불과합니다. 관광의 본질은 '낯선 것'을 찾아 떠나는 것입니다. 이미 순천만이라는 압도적인 오리지널(Original)이 있는데, 관광객이 굳이 시간과 돈을 들여 더 멀고 낯선 우리 지역의 '짝퉁 순천만'을 보러 올까요?

　나는 과거 우리나라에 꽃양귀비 마저도 금단의 꽃일 때, 꽃양귀비를 도입하고 유명한 지역축제를 성공시켜 왔습니다. 이렇게 시작된 양귀비꽃은 전국의 단골 축제메뉴가 되었습니다. 그리고 점점 그들만의 잔치가 되는 것을 보아왔습니다.

금단의 꽃 양귀비를 한국에 도입한 이후, 여러 지자체의 축제테마가 되었습니다

　　따라서 안개꽃을 섞고, 수레국화를 섞으며 고급화 시켰지만 타지역의 벤치마킹의 결과, 따라하기로 모두를 망하게 했습니다. 튤립도 마찬가지입니다. 처음에는 작은 화분에 심겨 판매되던 시장에서 지자체 혹은 식물원의 정원에 가을에 땅에 심게 했습니다. 처음, 몇 해 까지는 도입했던 도시들은 관광객들로 붐비며, 꽃축제의 효과를 톡톡히 보았습니다. 그러나 이제는 일반화되었고 오히려 튤립을, 양귀비를 심지 않는 지자체 장은 지역민들로 부터 지탄받기 일수입니다. 그만큼 평준화 되었고 수준이 높아졌다고 할 수 있습니다. 따라서 이제는, 우리 지역만의 장소성에 눈을 돌려야 합니다.

우리씨드의 정원은 새로운 트렌드를 전하는 모델정원 성격이 강해
다양한 교육의 장이 되고 있습니다

최근, 전국에 200개가 넘는 출렁다리가 놓였습니다. 그러나 전국의 출렁다리는 개점폐업 상태입니다. 또, 레일바이크도 그렇고 지역의 케이블카도 그렇습니다. 후발 주자가 선두 주자의 형태(Form)만 베끼는 것은, 영원한 2류로 남겠다는 패배 선언과 같습니다. 아류는 호기심을 자극하지 못할 뿐만 아니라 선두주자도 망하게 할 수 있습니다. 우리가 배워야 할 것은 순천만의 갈대가 아닙니다. 홍수 조절을 위해 필요했지만 버려진 땅 취급받던 습지를, 보존하여 세계적인 정원으로 탈바꿈시킨 그 역발상의 지혜입니다. 순천만은 남을 따라 해서 성공한 것이 아니라, 가장 '순천다운 것'을 지켰기에 성공했습니다.

성공하고 싶다면 제2의 누군가가 되지 말고, 세상에 하나뿐인 제1의 우리 지역을 기획하고 만들어야 합니다. 정원경제학은 이를 위해 남을 곁눈질하는 것을 멈추고, 철저히 경제적 관점에서 입지와 전략을 다시 짤 것을 제안합니다.

2. 장소성, 입지의 경제학
아름다운 숲은 죄가 없지만, 멀리 있는 숲은 적자입니다

지자체의 정원 개발 계획을 검토하다 보면 가장 흔하게 접하는 치명적인 오류가 있습니다. "우리 군(郡) 외곽 30리 밖 깊은 산속에 기가 막힌 소나무 숲과 계곡이 있습니다. 여기를 정원으로 개발하면 대박이 날 겁니다." 죄송하지만, 그것은 재정적 자살행위가 될 확률이 높습니다.

냉정하게 계산기를 두드려 보세요. 읍내 상권과 20km 떨어진 산속에 수십억 원을 들여 진입 도로를 닦고 주차장을 만들고 데크를 깔았습니다. 관광객이 올까요? 네, 경치가 좋으니 올 수 있습니다. 하지만 그들은 차를 타고 와서, 숲을 보고, 무료 화장실을 이용하고, 쓰레기를 버리고는 다시 차를 타고 그대로 빠져나갑니다.

　왜냐고요? 그곳엔 밥을 먹을 식당도, 차를 마실 카페도 없기 때문입니다. 결국 지자체는 도로 관리비와 쓰레기 처리 비용만 쓰고, 지역 소상공인은 1원도 벌지 못합니다. 상권과 분리된 원거리 자연 개발은 지자체의 재정만 갉아먹는 예산의 블랙홀이 될 가능성이 매우 높습니다.

자연은 너무 아름답지만 시내와는 상관 없는 외딴지역에 있다면
한번쯤 고려를 해봐야 합니다

　정원경제학의 제1원칙은 "상권 없는 정원은 만들지 마라"입니다. 상권은 관광의 필수 구성요소입니다. 그러나 되도록이면 이런 상권도 지역의 문화가 곁드려져야만 합니다.

현재 그 대상지 숲이 아무리 아름다워도, 도심 상권과 혹은 지역 문화와 거리적 단절이 되어 있다면 과감하게 포기하거나 보존만 하십시오. 사람들이 몰라주는 것이 아쉬울 수 있지만, 예산을 쓰고도 욕먹고 망치는 것보다는 낫습니다.

그래도 반드시 개발해야 한다면?

그 숲이 너무 압도적이어서 포기할 수 없다면, 원칙을 바꿔야 합니다. 정원만 만드는 것이 아니라, 그 입구에 상업 공간과 문화 공간을 동시에 기획해야 합니다. 그리고 지역민들에게 먼저 기회를 주어야 하고 지역문화가 곁드려진 상품이 우선되어야 합니다. 인제군의 백담사 앞 정원마을엔 집집마다 황태 요리가 주재입니다. 지나는 관광객은 백담사를 찾고 정원마을을 찾았지만 이후에 지날 때는 황태를 먹기위해서도 찾게 되는 경제적 선순환을 가져옵니다. 정원 설계 단계부터 지역 청년들이 운영하는 문화상품이나, 지역 특산물을 파는 세련된 팝업 스토어, 숲속에서 하룻밤을 보내는 감성 캠핑장 부지를 패키지(Package)로 묶어야 합니다. 빵 냄새와 커피 향기가 나지 않는 정원은 사람을 30분 이상 붙잡아 둘수 없습니다. 정원은 식물을 전시하는 곳이 아니라, 소비를 유발하는 무대가 되어야 합니다.

3. 유입의 기술, 사람을 부르는 '삐끼정원'이 필요하다

고상한 단어는 아니지만, 행정가들의 직관적인 이해를 돕기 위해

'삐끼정원'이라는 표현을 쓰겠습니다. 점잖게 표현하면 '앵커 정원(Anchor Garden)' 혹은 '후킹 가든(Hooking Garden)'입니다. 지방 소도시의 가장 큰 문제는 사람들이 아예 들어오지 않고 잘 뚫린 고속도로나, 국도로 지나쳐 간다는 것입니다. 달리는 차를 멈춰 세우고, 우리 읍내로 핸들을 꺾게 만들 강력한 미끼가 필요합니다. 이 미끼는 깊은 산속의 은은한 숲이 어서는 안 됩니다. 도로변이나 IC 진출입로에 위치해야 하며, 한눈에 시선을 강탈할 만큼 압도적이고 화려해야 합니다.

전세계, 대표적인 관광지는 이러한 삐끼정원이 많습니다. 일부러 사람을 부르기 위한 도시도 있지만 자연경관에서도 혹은 산업경관이나 농업경관에서도 강력한 삐끼 정원을 소유한 경우가 많습니다.

① [국내 사례] 경남 산청 생초 국제조각공원의 '꽃잔디'

경남 산청군 생초면은 이 전략의 교과서입니다. 이곳은 대전-통영 고속도로 나들목(IC) 옆의 작은 마을입니다. 자칫하면 그냥 스쳐 지나갈 곳이었지만, 산청군은 이곳 언덕에 꽃잔디를 융단처럼 깔았습니다. 처음, 가야고분군이 나타나고 박물관을 지었습니다. 사람은 오지않았습니다. 그리고 국제조각공원으로 덧입혔지만 사람들은 그래도, 오지 않았습니다. 경상남도 행정사무감사의 단골 지적 메뉴가 되었습니다. 박물관 유지는 예산 낭비의 표준처럼 여겨졌습니다. 그런데, 2016년, 나의 제안으로 '가야시대로 떠나는 꽃잔디여행'이 시작되었습니다. 4월이 되면 언덕 전체가 눈이 부시도록 진한 분홍색과 보라색, 흰색 계열의 띠를 이루고 꽃잔디는

들불처럼 피어 오릅니다. 박항서의 고향 답게, 축구공의 현란한 모습도 있습니다. 고속도로와 국도를 달리던 운전자들은 창밖으로 보이는 비현실적인 분홍빛 풍경에 홀려 나도 모르게 핸들을 꺾게 됩니다. 혹은 그냥, 지났쳤던 차량도 끝내 궁금증을 못이겨 멀리 돌아서 다시, 생초 IC로 나옵니다.

생초면 국제조각공원의 꽃잔디 정원은 고속도로와 국도를 지날때 마주치는 삐끼정원으로
사람을 불러 모아 상권으로 흘려 보내는
전형적인 앵커 정원입니다

꽃잔디라는 강력한 '삐끼정원'이 고속도로 위의 손님을 낚아챈 것입니다. 그렇게 들어온 수만 명의 관광객은 사진을 찍고, 조각공원을 둘러보며, 박물관의 가야시대를 상상합니다. 그리고 자연스럽게 작은 면소재지를 구경하고 도롯가와 시장 안 '어탕국수 거리'로 몰려갑니다. 화려한 꽃(미끼)이 사람을 부르고, 그 혜택은 지역 식당(상권)이 누리는 구조입니다. 생초면은 남강의 상류, 경호강이 위치한 민물고기의 고장이며 쏘가리와 어탕국수가 유명합니다. 한번 맛본 비릿하고 고소한 민물고기 어탕국수는 더운 여름날 다시 생각납니다. 참다 참다 가을이 되어서야 다시찾는 분들도 계십니다. 추운 겨울은 더 그립습니다. 그래서 생초는 오지않은 사람은 있어도 한번만 온 사람은 없습니다.

② [해외 사례] 일본 팜 도미타(Farm Tomita)

홋카이도의 시골 마을 후라노 지방은 라벤더 꽃밭으로 전 세계인을 불러 모읍니다. 도로변에 펼쳐진 보라색 융단은 그 자체로 거대한 광고판입니다. 사람들은 이 라벤더 꽃을 보러 왔다가, 지역 특산물인 라벤더 아이스크림을 사 먹고 멜론을 사 갑니다. 그러나 후라노지역의 그 넓은 라벤더 밭이 있지만 유독 팜도미타가 각광 받는 것은 단순한 사진 한장 때문입니다. 바로, 언덕에 핀 무지개 연출꽃밭입니다. 이 무지개 꽃밭의 식물은 단순한 2년생 식물로 채워집니다. 재배가 매우 쉬워 매년 파종하지만 비용으로 따진다면 아주 저비용 경관입니다. 하지만 누구나 베낄 수 없는 팜도미타만의 경관으로 각인 되어 세계인들에게 퍼나릅니다.

홋카이도 팜도미타의 무지개 정원은
언덕이라는 장소성의 해석에서 그 경쟁력을 찾습니다

퀘켄호프는 도심과 붙은 숲으로, 이 기간 네덜란드 전역이 축제가 됩니다

③ [해외 사례] 네덜란드 튤립축제, 퀘켄호프(Keukenhof)

네덜란드의 작은 마을 리세(Lisse)는 매년 봄, 전 세계에서 몰려드는 200만 명의 인파로 북적입니다. 퀘켄호프는 단순한 꽃축제장이나, 전시장이 아니라, 네덜란드 화훼 산업의 거대한 쇼룸이자 살아있는 카탈로그입니다.

퀘켄호프공원은 1년에 딱, 한달이 조금 넘는 기간만 문을 여는 숲입니다. 사실, 아름답게 수놓은 숲보다도 숲의 담 너머로 끝없이 펼쳐진 튤립 생산밭은 사실 관광용이 아닌 수출용 구근을 키우는 생산지입니다. 하지만 일렬로 늘어선 수만 평의 튤립 띠는 그 자체로 압도적인 경관을 형성하며, 사람들은 이 생산의 풍경에 홀려 리세를 찾습니다. 팜 도미타에 무지개 꽃밭이 있다면, 퀘켄호프에는 매년 700만 개의 구근을 일일이 손으로 심어 만드는 정교한 식재 패턴이 있습니다. 100여 개의 민간 기업이 자사의 신품종 구근을 무료로 제공해 조성하는 이 정원은, 바이어에게는 상품의 질을 증명하고 관광객에게는 인생샷을 선사하는 전략적 공간입니다.

사람들은 튤립 경관을 보러 왔다가, 입구에서 판매하는 구근 세트를 예약하고 지역의 대표 상품인 치즈와 나막신을 구매합니다. 경관으로 사람을 모으고, 그 낙수효과로 네덜란드 구근 수출의 80%를 지탱하는 강력한 비즈니스 모델을 완성한 것입니다. 튤립은 어디서나 심을 수 있지만, 15세기 귀족의 사냥터였던 고성의 숲과 현대적 화훼 기술이 결합한 퀘켄호프의 분위기는 흉내 낼 수 없습니다. 단순한 재배를 넘어 전통과 산업의 결합이 만들어낸 이 경관은 전 세계 화훼 시장을 지배하는 네덜란드만의 독보적인 자산이 되었습니다.

군수님, 읍내 시장과 연결되는 유휴지 혹은 산을 통째로 꽃으로 그림을 그리세요. 복잡한 설명이 필요 없는, 사진 한 장으로 설명되는 비주얼 쇼크를 주십시오. 그러나 이런 정원은 산속 깊은 곳에 필요한 것이 아니라 마을과 연결된 곳이어야 하고 특히, 우리 지역을 스쳐지나 가는 국도나, 고속도로에서 잘 보여야 합니다. 반드시 하나여야 할 필요는 없습니다. 특별한 시설도 필요 없고, 특별한 관리도 필요 없는 표현 그대로 미끼가 필요한 것입니다.

사람들은 생각보다 색에 약합니다. 특히, 꽃이 빚어내는 강렬한 아름다운 색깔에 쉽게 반응하는 특징이 있습니다. 기억하십시오. 설명 필요 없는 압도적 경관이 중요합니다. 그 누구도 퍼갈 수 없는 우리만의 장소성과 산업성이 중요합니다.

4. 상처 입은 땅이 가장 세계적인 정원이 된다

이제 시선을 아름다운 자연에서 숨기고 싶은 상처로 돌려보세요. 앞서 말씀드렸지만 이미 아름다운 자연경관을 어설프게 건드리는 것보다, 버려지고 훼손된 땅을 되살리는 것이 스토리텔링과 경제성 측면에서 훨씬 강력합니다. 세계적인 성공 사례들은 모두 가장 쓸모없는 땅에서 탄생한 곳이 많습니다.

에덴가든 프로젝트는 지역의 가장 아픈 상처를 정원이라는 주제로 회복시킨 대표적인 사례입니다

① 영국 에덴 프로젝트(The Eden Project): 폐광의 기적

영국 콘월(Cornwall) 지역은 한때 고령토 채굴로 먹고 살던 산업 도시였으나, 자원이 고갈되자 거대한 구덩이만 남은 흉물스러운 폐광촌으로 전락했습니다. 에덴 프로젝트는 이 죽음의 땅을 반전의 기회로 삼았습니다.

흉물스럽게 파인 구덩이를 메우는 대신, 그 지형을 그대로 활용해 거대한 축구공 모양의 온실 바이옴(Biome)을 설치했습니다. 움

푹 파인 지형은 거센 바닷바람을 막아주는 천연 요새가 되었고, 온실 내부의 온도를 유지하는 데 최적의 조건을 제공했습니다.

영국의 땅끝마을이라는 지리적 한계를 극복하기 위해 열대 우림을 통째로 옮겨왔습니다. 1년 내내 따뜻한 기후를 제공하는 이 온실은 기후가 나쁜 영국에서 날씨에 상관없이 언제든 갈 수 있는 관광지라는 독보적인 포지셔닝에 성공하며 연간 100만 명을 불러모읍니다. 이곳의 진정한 가치는 운영 방식에 있습니다. 에덴 프로젝트 내에서 판매되는 음식과 호텔 식재료의 80% 이상을 콘월 지역 농가에서 조달합니다. 경관으로 사람을 모으고, 그 수익을 지역 농민의 주머니로 되돌려주는 완벽한 정원 경제모델을 구축했습니다.

② 캐나다 부차드 가든(The Butchart Gardens): 채석장의 변신

시멘트 공장을 운영하던 부차드 가문은 원료인 석회암을 다 캐낸 뒤 남겨진 황폐한 채석장을 보고 고민에 빠졌습니다. 그들은 이 버려진 웅덩이를 메우는 대신, 식물을 심어 지형의 높낮이를 극대화한 입체 정원을 설계했습니다. 평범한 평지 정원이었다면 결코 줄 수 없는 압도적인 공간감을 선사합니다. 관광객들은 위에서 아래로 정원을 내려다보며 한눈에 펼쳐지는 꽃의 바다에 감탄하고, 아래로 내려가서는 거대한 암벽이 주는 거친 느낌과 세월이 만들어낸 시간에 매료됩니다. 이는 결핍(채석장 구덩이)을 개성(입체감)으로 승화시킨 사례입니다.

과거 시멘트 공장이었던 흔적을 완전히 없애지 않고 정원 곳곳에 남겨두었습니다. 이는 부차드 가든만의 고유한 서사가 되어, 전 세계 관광객들에게 버려진 땅도 정성이 닿으면 예술이 될 수 있다는 강력한 메시지를 전달합니다.

　단순히 꽃만 보여주는 것이 아니라, 100년 전통의 식사와 차 서비스와 고품격 야간 조명을 결합했습니다. 지역의 자원을 활용해 단순 관람객을 숙박객과 미식가로 변모 시키며 빅토리아 지역의 핵심 경제 축으로 자리 잡았습니다.

부차드 가든의 채굴 후 생긴 연못은 음악분수로 연출되어 많은 사람에게 영감을 주고 있습니다

③ 독일 뒤스부르크 환경공원
(Landschaftspark Duisburg-Nord): 녹슨 제철소의 부활

　독일 루르(Ruhr) 공업지대의 심장이었던 뒤스부르크 제철소는 가동 중단 후 철거 비용만 수천억 원이 드는 애물 단지였습니다. 독일은 이를 부수지 않고 산업의 기억 위에 자연을 덧입히는 파격적인 선택을 했습니다.

용광로와 가스 탱크, 철로를 그대로 둔 채 그 사이사이에 정원식물과 정원테마를 배치했습니다. 거친 철강 구조물과 부드러운 꽃의 대비는 그 어디에서도 볼 수 없는 산업화의 산물이라는 경관을 만들어냈습니다.

　쇳물을 녹이던 고로(용광로)는 도시 전체를 조망하는 전망대가 되었고, 거대한 가스 탱크는 유럽 최대의 실내 스쿠버 다이빙 풀장으로 변신했습니다. 콘크리트 벙커 벽면은 클라이밍 장소로 활용됩니다. 이는 흉물이 어떻게 지역민의 레저 공간이자 관광 자원이 될 수 있는지 보여주는 교과서적 사례입니다.

　쇳가루 날리던 오염된 땅이 생태 정원으로 변모하는 과정 자체가 전 세계에 지속 가능한 발전의 본보기가 되었습니다. 이제 뒤스부르크는 낡은 공업 도시가 아닌, 매년 수백만 명이 찾는 유럽의 대표적인 문화·휴양지로 다시 태어났습니다.

뒤스부르크 환경공원,
흉물이 어떻게 지역민의 레저공간이자 관광자원이 될 수 있는지 보여주는 교과서적 사례입니다

제9장
체류의 기술, 보는 관광에서 경험하는 관광으로

체류는 현장에서 결정되지 않는다. '자랑할 이야기'를 설계하라

데이터의 진실

체류의 메커니즘, 현장이 아니라 '기억'에서 결정된다

감각의 연결 고리, 시각에서 시작해 마음으로 완성된다

실행 전략, 따로 국밥이 아닌 이어달리기

정원경제 성패를 결정짓는 3단계 실무 점검

제9장
체류의 기술, 보는 관광에서
경험하는 관광으로

1. 데이터의 진실

  존경하는 군수님, 시장님!
축제가 끝나고 올해 30만명이 다녀갔다는 보고서에 안심하거나 고무되지 마십시오. 냉정하게 물어야 합니다. 그 30만 명 중 몇 명이 우리 지역 식당에서 밥을 먹었고, 몇 명이 우리 지역 숙소에서 잠을 잤는지 체크해 보십시오. 버스 타고 와서 김밥 한 줄 먹고, 사진만 찍고 1시간 만에 떠나는 관광객은 지역에 쓰레기와 교통 체증만 남길 뿐, 실질적인 소득에는 도움이 되지 않습니다. 이것은 통과형 관광입니다. 지방 경제를 살리는 것은 체류형 여행입니다.한국관광공사의 국민여행조사 데이터(2022)는 이 차이를 명확한 숫자로 보여줍니다. 당일 여행객 평균 지출액, 약 90,000원, 숙박 여행객 평균 지출액, 약 230,000원이라고 합니다. 하룻밤만 자고 가도 소비액은 2.5배이상 뜁니다. 이것은 단순한 산술적 차이가 아닙니다. 숙박객은 저녁 식사를 하고, 술을 한잔하며, 다음 날 아침 해장국까지 먹습니다. 편의점에서 간식을 사고, 지역 택시를 탑니다.

즉, 지역 경제의 모세혈관까지 돈이 돌게 만드는 핵심은 방문객 수가 아니라 체류 시간입니다.

2. 체류의 메커니즘, 현장이 아니라 '기억'에서 결정된다

그렇다면 어떻게 사람을 붙잡아 둘까요? 많은 지자체가 숙소를 더 짓고 야간에 조명을 밝힙니다. 하지만 시설이 체류를 결정하지 않습니다. 체류는 여행지에 도착해서 즉흥적으로 결정되지 않기 때문입니다. 사람들은 여행을 온당일, 현장에서 숙박을 고민하거나 결정하지 않습니다. 외국인 관광객이라면 더욱 그렇습니다. 그 결정은 이미 출발하기 전 단계에서, 타인의 SNS를 보거나 지인의 자랑이나 관광상품으로 미리 결정됩니다. 외국인이라면 더더욱 그러합니다. 외국에서 소개하는 관광회사의 소개나, 상품을 보고 결정합니다. "그 곳에서는 반드시 저녁 노을을 봐야 해, 그곳에 가면 반드시 어탕국수를 먹어야 한다니까!, 혹은 그곳에 가면 반드시 침질방을 가야 해" 이런 이야기를 사전에 입수한 사람들이 체류를 미리 결정하는 것입니다.

따라서 체류형 전략의 출발점은 하드웨어가 아니라, 방문객이 집에 돌아가 자랑할 만한 이야기를 설계하는 데 있습니다. 즉, "한번도 오지 않은 사람은 있어도 한번만 온사람은 없다"라는 말이 빈말이 되지 않기 위해서는 아름다워야 하고 기억에 남아야 하며 재미있어야 하고 결정적으로 자랑하고 싶어야 합니다.

3. 감각의 연결 고리, 시각에서 시작해 마음으로 완성된다

이야기는 감각에서 나옵니다. 정원경제학은 단순히 꽃을 아름답게 보여주는 기술이 아니라, 사람의 오감을 설계하여 지역에 머물게 하고, 지갑을 열게 만드는 감각의 연결 고리를 제안합니다. 이 고리가 하나라도 끊기면 손님은 머물지 않고 떠납니다. 그리고 다시 돌아오지 않습니다. 정원의 가장 높은 경지는 재방문의 유무일 수 있습니다. 불교에서 말하는 오감과 인식의 체계인 색·향·미·촉·법(色·香·味·觸·法)의 원리를 정원 경제에 접목하면, 방문객의 발길을 붙잡는 감각 전략을 이해할 수 있습니다.

① 시각 : 정원은 가장 강력한 '미끼' 입니다

정원의 첫 번째 역할은 강력한 유혹과 방문입니다. 압도적인 풍경과 강렬한 색채(삐끼정원)로 사람들을 우리 지역으로 불러모아야 합니다. 시각의 소비 속도가 가장 빠릅니다. 따라서 그만큼 이해도 빠릅니다. 스마트폰으로 사진 한 장을 찍는 순간 욕구의 상당 부분이 해소됩니다. 아무리 아름다운 풍경도 시각에만 의존하면 3시간 이상 머물게 하는 것은 힘듭니다. 따라서 정원은 그 자체로 완결된 목적지가 아니라, 다음에 혹은 주변에 무언가 더 있을 것 같다는 기대감을 주는 전략적 진입 장치여야 합니다.

눈을 자극해 안으로 끌어들였다면, 다음 감각으로 바통을 넘길 준비를 해야 합니다.

② 미각 · 후각 : 시각으로 불러들이고, 맛과 향으로 결속하라

사람은 눈으로 방문을 결정하지만, 맛과 향으로 기억을 완성합니다. 아름다운 풍경은 사진으로 남지만, 맛과 향은 뇌에 마음에 각인됩니다. 인간의 후각과 미각은 기억을 담당하는 해마와 밀접하게 연결되어 있습니다. 그래서 우리는 여행지의 건물보다 그날 먹었던 음식의 냄새를 더 오래 기억합니다. 어떤 장소의 재방문을 떠올릴 때 가장 먼저 떠오르는 것은 장면이 아니라 그곳의 맛과 그곳의 향입니다. 따라서, 지역을 떠올리게 만드는 가장 강력한 언어 중 하나는 음식입니다. 포항을 말하면 과메기의 비릿한 바다 향이 떠오르고, 흑산도를 말하면 홍어의 강렬한 향과 맛이 먼저 스칩니다. 춘천은 닭갈비의 매콤한 냄새로 기억되고, 벌교는 꼬막의 짭조름한 바다 맛으로 각인됩니다. 그 지역을 다시 찾는 이유는 관광지가 아니라, 그 맛과 향을 다시 경험하고 싶은 욕구 때문입니다. 그러나 전략의 가장 중요한 지점에 지의 명칭을 결합하는 것입니다. 지역의 브랜딩, 혹은 전략으로 세분화 하십시오. 생초면 작은 시골 마을이지만 생초꽃잔디, 생초 어탕 국수는 잘 만들어진 단어적 전략이 성공한 케이스 입니다.

해외도 다르지 않습니다. 네덜란드 암스테르담을 방문하면 길거리에서 하링(Haring)을 손에 들고 먹는 풍경이 떠오릅니다. 독일은 지역마다 치즈와 소시지의 향이 다르고, 프랑스는 치즈와 와인의 향이 도시의 정체성을 만듭니다. 이 음식들은 단순한 식품이 아니라, 도시를 기억하게 하는 감각의 상징입니다.

정원경제학에서 말하는 전략은 명확합니다. 시각으로 방문을 유도했다면, 반드시 지역을 대표하는 맛과 향으로 결속하라는 것입니다. 정원의 허브가 식탁으로 이어지고, 지역에서 자란 농산물이 메뉴가 되며, 골목마다 특정 향기가 반복될 때, 방문객은 그 지역을 하나의 감각적 경험으로 기억합니다. 이를 위해서는 물리적 연결도 매우 중요합니다. 정원 출구가 상권의 중심으로 자연스럽게 이어지고, 감각이 끊기지 않을 때 기억은 강화됩니다.

결국 사람들은 풍경을 소비하는 것이 아니라, 경험을 소비합니다. 그리고 그 경험을 가장 강하게 묶어주는 매개가 바로 맛과 향입니다. 도시가 기억되기를 원한다면, 시각으로 불러들이고, 미각과 후각으로 고정하십시오. 그렇게 될 때, 방문은 체류가 되고, 체류는 다시 방문으로 이어집니다.

중국의 산간오지였던 차마고도의 문화를
주민들이 펼치는 장예이모 감독의 연극은 지역을 방문하는 여행객의 필수코스가 되었습니다

③ 청각 · 촉각 : 밤은 이완이자 집중의 시간이다

낮의 정원이 눈의 즐거움이라면, 밤의 정원은 몸이 주인이 되는 감각의 시간입니다. 해가 지고 어둠이 내려앉으면 사람의 공간 감각이 달라집니다. 시각의 정보는 줄어들고, 대신 귀와 피부, 호흡이 예민해집니다. 사람은 자연스럽게 주변의 소리와 공기, 온도, 리듬에 집중하게 됩니다. 밤은 감각이 흩어지는 시간이 아니라, 오히려 특정 사물과 행위에 깊이 몰입하는 시간입니다.

이 시간을 놓치면 체류는 얕아집니다. 이 시간을 붙잡으면 방문은 기억으로 굳어집니다. 어둠 속에서는 작은 소리 하나도 선명해집니다. 풀벌레 소리, 나무 사이를 스치는 바람, 발걸음이 흙을 누르는 촉감, 은은하게 번지는 조명의 온기. 낮에는 지나쳤던 감각들이 밤에는 전면으로 올라옵니다.

일본의 유후인은 시골마을이 유명 관광지가 된 대표적 사례
농촌에서 1박하기 프로그램의 가장 중요한 것은 로컬의 음식과 농민들이 들려주는 이야기에 있다

이때 방문객은 자연스럽게 속도를 늦추고, 몸의 긴장을 내려놓습니다. 이완은 단순한 휴식이 아니라, 다시 오고 싶어 지는 감정의 시작점입니다. 일본의 농촌관광은 밤의 이야기 입니다. 지역에서 잡은 멧돼지 고기의 향과 특별함에 덧붙여 도란도란, 주인의 이야기를 듣고 어릴 때의 기억과 향수를 찾아갑니다. 떠날 때 서로 부둥켜 안는 고향같은, 혹은 외할머니 품 같은 진한 감동을 하기에 불편함이 오히려 성공하는 밤의 이야기 입니다.

그러나 밤을 단지 조용한 시간으로만 두어서는 안 됩니다. 밤은 동시에 집중의 시간입니다. 낮의 소란이 사라지면 사람은 특정한 장면에 더 깊이 빠져듭니다. 좋은 춤, 흥에 겨운 음악, 리듬감 있는 퍼포먼스, 혹은 고요한 숲속 공연. 몸이 반응하는 순간, 경험은 머리가 아니라 근육에 저장됩니다. 이는 사진으로 남는 기억이 아니라, 다시 체험하고 싶은 감각으로 남습니다.

빛 역시 중요한 언어입니다. 화려한 레이저 쇼가 아니어도 좋습니다. 조명의 방향과 색감, 밝기의 밀도가 공간의 분위기를 결정합니다. 어둠을 모두 몰아내는 것이 아니라, 어둠 속에서 한 지점을 부드럽게 드러내는 조명은 사람의 시선을 모읍니다. 밤은 모든 것을 보여주는 시간이 아니라, 무엇에 집중하게 할 것인가를 선택하는 시간입니다.

촉각도 빼놓을 수 없습니다. 발바닥에 닿는 아랫목의 뜨거운 온기와 이상야릇한 훈재 향이나, 잔디 위의 부드러움, 밤공기의 서늘함, 손에 쥔 따뜻한 찻잔의 감각. 낮보다 더 뚜렷해지는 이 촉각적 경험은 사람을 현장에 붙잡아 둡니다. 그리고 그 현장의 시간에 몰입한 경험은 오래 남습니다.

여기에 맛이 더해지면 밤은 완성됩니다. 늦은 시간에만 맛볼 수 있는 지역 음식, 정원 허브를 활용한 따뜻한 차, 공연이 끝난 뒤 나누는 한 잔의 지역 술. 빛과 소리, 몸놀림과 향, 음식이 한 공간 안에서 겹칠 때 밤은 하나의 종합 예술이 됩니다.

이 시간에 방문객을 혼자 두는 것은 가장 큰 실수입니다. 체류를 선택한 사람은 이미 다음 단계로 갈 준비가 되어 있습니다. 그들에게 아무 일도 일어나지 않는 밤을 제공한다면, 지역은 스스로 기회를 놓치는 셈입니다. 반대로 밤이 집중과 이완의 리듬을 품고 있다면, 방문객은 스스로 말하게 됩니다.

"아, 좋다. 다음에 또 와야지."
"이건 혼자 보기 아깝다."

밤은 낮의 연장이 아닙니다. 밤은 체류를 결정하는 결정적 시간입니다. 어둠이 내려오면 감각은 좁아지고, 대신 깊어집니다. 그 깊이를 채우는 것은 지역의 준비입니다.

"어떻게 밤을 보내게 할 것인가?"

이 질문에 답할 수 있을 때, 지역은 단순한 여행지가 아니라, 다시 찾고 싶은 장소가 됩니다.

④ 마음(Mind): 자랑하고 싶은 감동

마지막 단계인 마음의 감동은 앞선 감각들이 통합되어 형성되는

'마음의 작용'입니다. 정원 경제의 최종 목적지는 방문객의 마음속에 '자랑하고 싶은 서사'를 새기는 것입니다.

단순히 "예쁘다", "맛있다"를 넘어 "여기는 정말 특별해", "누군가에게 자랑하고 싶어"라는 마음이 들어야 합니다. 이는 지역이 가진 고유한 스토리(Story)와 지역민의 환대가 문화적으로 결합될 때 발생합니다.

마음속에 깊은 울림을 받은 관광객은, 스스로 우리 지역의 홍보 대사가 됩니다. SNS에 올리는 사진 한 장에는 시각적 풍경뿐만 아니라, 그곳에서 느낀 평온함과 감동이라는 마음의 상태가 담깁니다. '나 이곳에 다녀왔어'라는 자랑 섞인 감동이 타인에게 전달될 때, 감각의 고리는 비로소 하나의 거대한 경제적 순환으로 완성됩니다. 마음을 움직이는 지역의 스폰지가 작동 될 때 다시 찾고 싶은 고장으로 기억될 수 있습니다.

4. 실행 전략, 따로 국밥이 아닌 이어달리기

감각의 고리를 완성하는 일은 어느 한 기관의 의지만으로 이루어지지 않습니다. 정원이 아름답게 조성되었다고 해서 체류가 자동으로 늘어나는 것은 아닙니다. 지역의 상권(식당, 카페, 시장 등)이 잘 짜여지고 갖추어 졌다고 해서 지역의 기억이 깊어지는 것도 아닙니다. 핵심은 '경험이 끊기지 않는 구조'입니다.

방문객이 정원에서 받은 첫 감동이 골목으로 이어지고, 골목의 온기가 숙박으로 확장되며, 다음 날 아침 다시 산책길로 돌아오는 순환. 이 매끄러운 이어달리기야말로 체류 시간을 늘리고 지역 경제에 활력을 주는 실천 전략입니다. 우리 지역 전체를 하나의 감각적 유니버스로 설계해야 합니다.

결론적으로, 시장·군수님들이 설계해야 할 것은 단순한 꽃밭이나 정원이 아닙니다. 시각으로 유혹하고, 맛과 향으로 붙잡으며, 촉각으로 머물게 하고, 끝내 마음을 훔치는 '감각의 설계도'를 그리셔야 합니다. 이렇게 촘촘한 감각의 연결 고리가 우리 지역을 스쳐 지나가는 곳에서, 평생 기억되는 곳으로 바꿀 것입니다.

① 시간의 설계

행정(설계자)은 판을 깔고 흐름을 조율해야 합니다. 행정은 정원이라는 무대를 만드는 마스터 플래너입니다. 그러나 시설을 완성하는 것에서 역할이 끝나서는 안 됩니다. 더 본질적인 과제는 '시간의 설계'입니다.

정원은 밤 9시까지 운영되는데 주변 식당이 7시에 문을 닫는다면, 그 도시는 스스로 체류를 차단하는 셈입니다. 야간 조명이 켜지지 않는 산책로는 저녁 소비를 유도할 수 없습니다. 축제 일정이 숙소와 연동되지 않으면 방문은 당일치기로 끝납니다. 행정은 정원의 개방 시간, 야간 프로그램, 상권의 영업시간, 교통 운행 시간, 숙소의 체크인 정책까지 하나의 흐름으로 엮어야 합니다. 예컨대 토요일 저녁 숲속 음악회가 있다면, 인근 식당은 공연 전·후 세트 메뉴를 준비하고, 숙소는 '음악회 연계 1박 프로그램'을 구성하도록 사전 협의해야 합니다. 즉, 정원은 플랫폼이 되고 그 안을 채우는 컨텐츠는 지역민들이 참여할때라야 성공가능합니다. 이처럼 시간의 톱니바퀴가 맞물릴 때 방문객은 자연스럽게 하루를 넘깁니다. 시설은 공간을 만들지만, 시간의 조율은 체류를 만듭니다.

② 연결의 인프라

정원에서 상권, 상권에서 숙소로 이어지는 길이 단순한 이동 통로라면 경험은 중간에서 식어버립니다. 길은 단지 연결 수단이 아니라, 그 자체가 또 하나의 과정이어야 합니다. 보행로의 폭과 안전성, 유모차와 휠체어의 접근성, 야간 조명의 따뜻함, 중간중간 멈출 수 있는 벤치와 작은 광장. 이 모든 요소가 어우러질 때 길은 '이동'이 아니라 '여정'이 됩니다. 골목에 작은 전시와 향기 나는 화분이 놓이고, 건물 벽면에 지역 작가의 이야기가 더해지면 방문객은 자연스럽게 다음 공간으로 흘러 들어갑니다. 체류는 거대한 시설이 아니라, 세심한 연결에서 비롯됩니다. 지역의 문화 품격이 곧 도시의 체류력을 결정합니다.

③ 상권(기억 생산자)은 물건을 팔지 말고 '경험의 조각'을 팔아야 합니다

지역의 민간은 단순히 상품을 판매하는 존재가 아닙니다. 그들은 지역으로 유입된 방문객이 느낀 감동을 일상의 언어로 번역하는 기억의 가공자들입니다. 가게 문을 여는 순간, 방문객이 '새로운 정원의 연장선'에 들어왔다는 감각을 느끼게 해야 합니다.

지역 허브로 만든 차 한 잔, 짧은 쿠킹 클래스, 30분짜리 공방 체험처럼 작은 프로그램이 머무는 시간을 만듭니다. 소비가 아니라 참여가 이루어질 때 방문객은 그 공간을 자신의 경험으로 받아들입니다.로컬 식재료로 만든 대표 메뉴, 그 음식이 탄생한 이야기,

그것을 즐기는 공간의 분위기까지 결합될 때, 소비는 기억으로 전환됩니다. 기억이 깊어질수록 체류는 길어집니다.

④ 경관의 확장

정원의 품격은 정원 울타리 안에만 머물러서는 안 됩니다. 상점 앞의 작은 화분, 간판의 색채, 메뉴판에 담긴 지역 문화 이야기까지 하나의 미학으로 이어져야 합니다. 방문객이 골목을 걸으며 '이곳 전체가 하나의 스토리로 느껴진다'는 감각을 얻을 때, 그 도시는 단순한 관광지가 아니라 하나의 브랜드가 됩니다. 경관의 통일성은 거창한 비용이 아니라, 태도의 문제입니다. 공공과 민간이 같은 방향을 바라볼 때 지역의 이미지가 완성됩니다.

⑤ 결정적 한 방(Signature)

체류를 늘리는 데에는 상징이 필요합니다. '그곳에 가면 반드시 이것을 경험해야 한다'는 이야기가 만들어질 때 방문은 단순한 나들이를 넘어 여행이 됩니다. 그것은 음식일 수도 있고, 정원 속에서 열리는 밤 프로그램일 수도 있으며, 계절마다 열리는 작은 축제일 수도 있습니다. 중요한 것은 반복 가능성과 기억의 강도입니다.

사람들은 장소가 아니라 이야기를 찾아옵니다. 그리고 그 이야기가 있을 때 하루 일정은 자연스럽게 다음을 기약합니다. 이러한 신뢰는 체류를 낳고, 체류는 관계 인구를 만듭니다.

단양군의 명예 군민증은 일회성 관광객이 단골이 되고, 단골이 지역의 팬이 되게 하는 이유가 됩니다. 작지만 큰 할인행사와 같은 것입니다.

5. 정원경제 성패를 결정짓는 3단계 실무 점검

● 1단계 : 불러모으기 (집객의 질)

단순히 숫자가 아니라 우리 지역에 올 수밖에 없는 이유를 검증합니다.

★ 인근 시 · 군에는 없는 우리만의 독보적인 경관이 있는가?

★ SNS 검색 시 지역명을 넘어 구체적 경험 키워드가 노출되는가?

● 2단계 : 머물게 하기 (체류의 밀도)

체류 시간은 곧 지역 내 지출액입니다. 관람이 소비로 이어지는지 검증합니다.

★ 정원 출구가 인근 상권(식당 · 카페)과 도보 5분 이내로
긴밀하게 연결되어 있는가?

★ 보는 것을 넘어, 체험, 공연, 명상, 지역의 특별한 식사 등
지역 안에서 즐길거리가 3가지 이상인가?

★ 해질녘 방문객의 발길을 붙잡는 집중과
과하지 않은 조명, 기억의 요소가 충분히 배치되었는가?

● 3단계 : 다시 오게 하기, 재방문은 감정의 '시스템'이다

한 번의 방문이 감동으로 끝나는 것은 쉽습니다. 그러나 감동이 재방문으로 이어
지려면 구조가 필요합니다. '좋았어' 라는 감정은 시간이 지나면 희미해지지만, 다
시 올 이유가 설계되어 있다면 기억은 행동으로 이어집니다. 재방문은 우연이 아
니라 관리의 결과입니다. 사람들이, 자신의 경험을 주변사람들에게 자랑할 때 실
제로 작동하며, 이는 행정이 해야 하는 운영 항목입니다.

★ 사계절 재방문 동기가 설계되어 있는가?

봄꽃만으로는 지역이 유지되지 않습니다. 사계절 '다시 올 이유'가 명확해야 합니다. 이를 위해서는 단순히 정원을 가진 것만으로 가능한 게 아니라, 계절별 콘텐츠 · 프로그램 · 상품이 동시에 설계되어야 합니다. 핵심은 "계절이 바뀌었으니 오세요"가 아니라, "이번 계절에만 가능한 경험이 있느냐?"라는 메시지에 답을 할 수 있어야 합니다. 이를 위해 시즌별 핵심 콘텐츠를 명확히 지정해야 합니다. 재방문은 자연스럽게 달성되는 게 아니라 기획으로 만들어야 합니다.

★ 손님맞이 체계가 '매뉴얼'로 작동하는가?

좋은 인상은 공간이 아니라 사람에게서 완성됩니다. 그러나 손님맞이는 감성에만 맡겨둘 수 없습니다. 기술입니다. 시스템이 필요합니다. 상인 · 주민 대상 '지역 스토리 교육' 정기 운영, 방문객 응대 기본 메뉴얼이 필요합니다. 방문객이 '여기 사람들은 다 친절하다'라고 말하게 하려면, 우연한 친절이 아니라 반복 가능한 환대가 필요합니다. 상인과 주민이 각자의 자리에서 지역 이야기를 자연스럽게 전할 수 있을 때, 방문은 소비가 아니라 관계로 확장됩니다. 재방문은 친절의 기억에서 시작됩니다.

★ 찾아온 고객을 관리하는가?

디지털 멤버십은 단순 할인 제도가 아닙니다. 관계를 유지하는 통로입니다. 데이터는 축적되어야 하고, 방문객의 재방문 주기와 선호 콘텐츠를 분석할 수 있어야 합니다. 중요한 것은 '있다'가 아니라 '운영되고 있다'입니다. 매달 뉴스레터가 발송되는지, 참여율이 유지되는지, 재방문율이 수치로 관리되는지 점검해야 합니다.

우리 지역 정원 사업 생존 지수 점검표	
1단계 · **방문 유입** Attraction	• 전국적(또는 권역별) 인지도 있는 차별화된 정원 테마가 있는가? • SNS 및 미디어 노출 가능성이 높은 시각적 매력 요소가 있는가? • 접근성(대중교통, 주차, 도로망)이 우수한가? • 계절별/월별 방문객 유입 전략이 구체적으로 수립되었는가? (아니요 ____개)
2단계 · **체류** Stay	• 정원 외에 2시간 이상 머물 수 있는 먹거리·숙박·쇼핑 시설이 충분한가? • 지역 먹거리(음식점, 카페, 특산물)를 활용한 수익화 계획이 있는가? • 숙박시설(호텔, 펜션, 글램핑 등)이 있거나 확보 계획이 있는가? • 야간 프로그램(야경, 야시장, 공연 등) 운영 계획이 있는가? (아니요 ____개)
3단계 · **소비** Spend	• 정원 내 기념품·체험 상품 판매 공간이 준비되었는가? • 지역 장인, 농가, 소상공인이 직접 참여하는 판매 구조가 있는가? • 입장료 외 추가 수익 모델(체험비, 식사, 프로그램)이 3개 이상 있는가? • 방문객 1인당 평균 소비액 목표치가 현실적으로 설정되었는가? (아니요 ____개)
4단계 · **운영** Operation	• 정원 운영과 지역 상인을 연계하는 전담 조직/인력이 있는가? • 연중 이용객을 끌 수 있는 계절별 프로그램이 기획되어 있는가? • 운영 예산(인건비, 유지비, 마케팅비)이 입장료 수익으로 충당 가능한 구조인가? • 지역 주민 고용 창출 계획(정규직 또는 계절직)이 있는가? (아니요 ____개)
5단계 · **파급 효과** Ripple Effect	• 정원방문으로 인한 주변 상권(음식점, 숙박, 쇼핑)의 매출 증가 시뮬레이션이 있는가? • 지역농산물, 공예품 등 정원 및 주변 상점에서 판매하는 연계계획이 있는가? • 방문객 재방문율 목표치(또는 재방문 유도 프로그램)가 설정되었는가? • 지역 브랜드 가치 상승이나 이주민 유입 등 간접 효과 목표가 있는가? (아니요 ____개)

최종 평가 / '아니요' 총 개수			
결과	평가	상태	조치사항
0~1개	🟢 안전	성공 가능성 매우 높음	부족한 1개 항목만 즉시 보완하고 현재 계획대로 추진
2~3개	🟡 주의	반쪽짜리 사업 위험	특히 '체류' 단계의 약점을 우선 보완, 관광지 전락 가능성 주의
4~5개	🟠 경고	예산 낭비 가능성 농후	사업 잠시 중단, 아니요 항목의 기획 전면 수정 필수
6개 이상	🔴 위험	전면 재검토 필수	현재 상태는 정원 경제가 아닌 단순 토목 공사, 기본 설계부터 재수립

제10장
역발상의 개발 :
님비(NIMBY)를 랜드마크로

풀리지 않는 숙원 사업의 만능열쇠, '덮어서(재생)' 가치를 올려라

현장의 딜레마, '개발이 답이 아닙니다, 재생(변환)입니다'

하남 유니온파크의 기적, 지하는 '기술', 지상은 '낙원'

쓰레기 산의 대반전 : 악취가 향기로, 쓰레기가 예술로

규제의 돌파구, 그린벨트(Greenbelt)는 '돈 버는 숲'이다

구도심 재생의 속도전

제10장
역발상의 개발 :
님비(NIMBY)를 랜드마크로

1. 현장의 딜레마, '개발이 답이 아닙니다, 재생(변환)입니다'

존경하는 시장님, 군수님.

선거 유세 현장에서, 혹은 취임 후 주민들과의 첫 만남에서 가장 뼈아프고 대답하기 곤란한 민원은 무엇입니까? 도로를 깔아달라는 민원은 차라리 행복한 고민입니다. 예산만 있으면 해결되니까요. 하지만 돈이 있어도 풀기 어려운 고차방정식이 바로 '기피 시설 (NIMBY: Not In My Back Yard)' 문제입니다. "우리 집 앞 하수 처리장 악취 때문에 못 살겠다." "쓰레기 매립장 때문에 10년째 집 값이 요지부동이다. 당장 옮겨달라." 주민들의 간절한 호소 앞에서, 많은 리더가 덜컥 약속을 합니다. "제가 당선되면 임기 내에 반드시 외곽으로 이전하겠습니다!" 하지만 당선증을 받는 순간, 우리는 직감합니다. 그것이 현실적으로 얼마나 지키기 어려운 약속인지 말입니다. 막대한 이전 비용은 차치하고라도, 우리 동네의 기피 시설을 기꺼이 받아줄 다른 동네는 지구상 어디에도 없기 때문입니다. 결국 임기 4년 내내 "부지를 물색 중이다"라는 말로 희망 고문만 하다가, 주민들에게 실망감만 안겨주는 것이 냉혹한 현실입니다.

정원경제학은 이 막다른 골목에서 상황을 단번에 뒤집을 '역발상의 해법'을 제안합니다. 옮길 수 없다면, 덮어버리십시오(재생). 그리고 그 위를 천국으로 만드십시오. 이것은 곤란한 상황을 모면하려는 임시방편이 아닙니다. 기피하던 시설을 도시에서 가장 사랑받는 랜드마크(Landmark)로 바꾸는, 가장 세련되고 강력한 공간가치 혁신 전략입니다. 피할 수 없는 시설이라면, 그 누구도 예상치 못한 압도적인 아름다움으로 덧입혀 주민들에게 '보상'을 주는 것, 이것이 행정의 예술입니다.

2. 하남 유니온파크의 기적, 지하는 '기술', 지상은 '낙원'

아무리 그래도 기피 시설 옆에 누가 살고 싶어 합니까?라고 묻는 분들에게 경기도 하남시의 '유니온파크' 사례를 보여주십시오. 이곳은 갈등 해결의 교과서입니다.

하남시는 미사강변도시 개발 당시, 도심 한복판에 쓰레기 소각장과 하수 처리장 같은 환경기초시설을 지어야 했습니다. 주민들의 우려와 반발은 불을 보듯 뻔했습니다. 이때 하남시는 피하는 대신 정면 돌파를 선택했습니다. "모든 처리 시설은 지하로 넣겠습니다. 그리고 지상은 시민을 위한 최고의 공원과 타워를 짓겠습니다." 결과는 놀라웠습니다. 현재 이곳은 기피 시설이 아닙니다. 지하 깊은 곳에서는 매일 수백 톤의 폐기물을 처리하지만, 지상에는 아이들이 뛰노는 잔디 광장과 물놀이장이 펼쳐져 있고, 105m 높이의 전망대(유니온타워)에서는 한강의 절경이 한눈에 들어옵니다. 최첨단 기술로 악취를 완벽히 차단했기에 가능한 일입니다.

　가장 놀라운 것은 '경제적 파급효과' 입니다. 기피 시설 바로 옆에 국내 최대 규모의 복합쇼핑몰인 '스타필드 하남' 이 들어섰고, 주변 아파트 단지는 하남시 최고의 시세를 자랑하는 명품 주거지가 되었습니다. 만약 그곳에 굴뚝 연기가 나는 흉물스러운 공장이 들어섰다면, 스타필드 유치는 커녕 주변은 슬럼화되었을 것입니다. 하지만 시설을 공원으로 덮고, 굴뚝을 전망대로 가린 순간, 그곳은 기피 시설(NIMBY)에서 서로 유치하고 싶은 시설(PIMFY: Please In My Front Yard)로 변모했습니다. 이것이 바로 정원이 가진 '자산 가치 반전의 힘' 입니다.

인천 드림파크

3. 쓰레기 산의 대반전 :
　　악취가 향기로,
　　쓰레기가 예술로

　이미 존재하는 거대한 쓰레기 매립지는 어떻게 해야 할까요? 이미 산처럼 쌓여 있어 지하로 넣을 수도 없는 노릇입니다. 이때 필요한 것은 '생태적 덧입힘' 과 '예술적 승화' 입니다.

① 인천 드림파크, 꽃으로 덮어 치유하다

현재는 인천 서구이지만 7월 1일 부로 인천 검단구의 수도권매립지는 30년 넘게 서울과 경기도의 쓰레기를 받아온 인내의 땅이었습니다. 하지만 이곳에 흙을 두껍게 덮고, 수백만 그루의 나무와 꽃을 심어 '드림파크'를 만들자 상황이 바뀌었습니다.

가을이 되면 국화와 코스모스가 만발하는 축제장이 되어 수십만 명의 인파가 몰려듭니다. 삭막했던 쓰레기 산과 매케한 냄새는 어디에도 없는 광활한 정원과 꽃향기로 가득한곳이 되었습니다. 이제, 이름다운 정원의 그윽한 꽃향기는, 주민들의 피해 의식을 자부심으로 치환했습니다. "우리 동네에 이렇게 큰 정원이 있어, 놀러와"라고 말할 수 있게 된 것입니다.

② 삿포로 모에레누마 공원, 대지 예술(Land Art)이 되다.

일본 삿포로시 역시 270만 톤의 쓰레기가 묻힌 매립지 문제로 골머리를 앓았습니다. 그들은 이곳을 평범한 체육공원으로 만들지 않았습니다. 세계적인 조각가 이사무 노구치(Isamu Noguchi)에게 설계를 맡겨, 쓰레기 산 자체를 하나의 거대한 '대지 예술(Land Art)' 조각품으로 재탄생 시켰습니다. 기하학적인 산책로, 유리 피라미드, 웅장한 분수가 들어서자 이곳은 전 세계 건축학도와 예술가들이 반드시 방문해야 할 성지(Sanctuary)가 되었습니다. 쓰레기장이 도시의 품격을 높이는 위대한 '문화 유산'이 된 것입니다.

4. 규제의 돌파구, 그린벨트(Greenbelt)는 '돈 버는 숲'이다

지방 행정가들의 또 다른 깊은 한숨은 '규제'에서 나옵니다. "군수님, 우리 지역은 상수원 보호구역이라 공장 하나 못 짓습니다." "그린벨트로 묶여서 카페도 식당도 허가가 안 납니다. 발전이 없습니다."

존경하는 군수님, 이 규제의 땅을 원망만 하고 계시겠습니까? 역설적으로 들리겠지만, 개발이 금지된 그 땅이야 말로 도시의 미래를 먹여 살릴 '보물창고'입니다. 건물을 짓는 것은 불가능하지만, '정원'을 만드는 것은 가능하기 때문입니다. 이것이 바로 꽉 막힌 규제를 뚫는 '마스터키'입니다.

울산의 태화강 국가정원을 보십시오. 과거에는 홍수터이자 하천 구역으로 그 어떤 개발도 할 수 없는 버려진 땅이었고, 한때는 죽음의 강이라 불렸습니다. 하지만 울산시는 사면 블록위에 꽃씨를 뿌렸고 시민들은 환호 했습니다. 그리고 이곳에 대나무를 심고 대나무 숲이 명소가 되고 국가정원으로 가꾸자, 공장 굴뚝 하나 없이 연간 수백만 명의 관광객을 불러 모으는 '친환경 현금 인출기'가 되었습니다.

전략은 명확합니다. 규제 지역은 철저히 관리하여 아름다운 정원으로 가꾸고 관광객을 부르며, 정원 입구(규제 밖)에 상권과 숙박 시설을 허가해 주면 됩니다. 규제 때문에 보존된 그 깨끗한 자연이야 말로, 매연 내뿜는 공장보다 더 큰 부가가치를 낳는 '미래형 무공해 공장'입니다.

5. 구도심 재생의 속도전
10년 걸리는 재개발 vs 1년 걸리는 정원

도시의 불균형의 최전선은 언제나 구도심입니다. 무너져가는 빈집, 불 꺼진 상가, 쓰레기가 쌓인 골목. 주민들은 답답한 마음에 "차라리 다 밀고 새로 짓자"고 말합니다. 그러나 재개발은 평균 10년 이상이 걸립니다. 그 사이 갈등은 깊어지고, 원주민은 떠나며, 도시는 공백 상태에 빠집니다. 임기 안에 가시적 성과를 내야 하는 행정에게는 너무 먼 이야기입니다.

그러나 정원 재생은 다릅니다. '완성'이 아니라 '전환'을 목표로 한다면 1년이면 충분합니다. 방치된 빈집을 매입해 철거하고, 그 자리에 작은 포켓 정원을 만듭니다. 어두운 담장에는 수직 정원을 입히고, 골목에는 따뜻한 조명을 더합니다. 쓰레기가 쌓이던 공간에 꽃이 피면 사람의 행동은 달라집니다. 공간이 존중 받으면 사람도 그 공간을 존중합니다.

이 방식은 건물을 바꾸기보다 '분위기'를 바꾸는 전략입니다. 그리고 분위기가 바뀌면 사람의 발길이 먼저 움직입니다. 젊은 세대는 사진을 찍으러 오고, 골목은 자연스럽게 콘텐츠가 됩니다. 작은 카페, 공방, 프리마켓이 들어오며 상권이 살아납니다. 무엇보다 주민을 내쫓지 않습니다. 동네의 기억을 지우지 않고, 그 위에 새로운 층을 얹습니다.

　서울의 사례를 보십시오. 과거 뚝섬 경마장과 공장지대였던 공간은 서울숲으로 탈바꿈했습니다. 거대한 철거가 아니라, 녹지 전환이 시작이었습니다. 숲이 들어서자 사람들이 머물기 시작했고, 그 흐름은 자연스럽게 인근 성수동으로 이어졌습니다. 오래된 공장과 창고를 허물지 않고 리모델링하여 카페와 전시 공간, 브랜드 쇼룸으로 바꾸었습니다. 정원과 보행 환경이 먼저 사람을 불러들였고, 상권은 그 뒤를 따랐습니다. 서울숲은 '대형 정원 인프라'였고, 성수동은 '빈티지 자원의 재해석'이었습니다. 이 두 축이 연결되면서 지역은 완전히 새로운 경제 구조를 갖게 되었습니다. 핵심은 아파트를 세운 것이 아니라, 머물고 걷고 소비하는 환경을 먼저 만든 것입니다. 구도심 재생의 메시지는 분명합니다. 도시는 반드시 거대한 철거로만 바뀌지 않습니다. 속도는 규모에서 나오지 않고, 전환에서 나옵니다.

서울숲 가을 풍경

   정원은 단순한 녹지가 아닙니다. 정원은 '도시의 재생을 앞당기는 장치'입니다. 10년을 기다릴 것인가, 1년 안에 분위기를 바꿀 것인가. 물론 정원으로 재생한 곳은 이후 개발을 하더라도 함몰비용이 거의 들지 않습니다. 따라서 쓰러져가는 구도심을 개발의 시간을 기다릴 것입니까?

   정원 재생은 가장 빠르고, 가장 저렴하며, 주민을 지키면서 가치를 올리는 전략입니다. 낡음은 제거 대상이 아니라 자원입니다. 오래된 벽, 좁은 골목, 낮은 건물은 정원이 더해질 때 오히려 매력이 됩니다. 도시재생의 핵심은 건물을 새로 짓는 것이 아니라, 사람의 발길을 다시 돌려놓는 것입니다.

   정원이 먼저 들어서면 사람은 돌아옵니다. 사람이 돌아오면 상권이 살아납니다. 상권이 살아나면 도시는 스스로 재생합니다. 이것이 속도의 재생이고, 주민들을 남아서 살게 하는 재생입니다.

PART

3

성공을 담보하는
기술과 행정

조성하는 것은 기술이지만,
가꾸는 것은 문화(Culture)다

제11장
지속 가능성의 열쇠,
관(官)주도에서 민(民)주도로

'공무원'은 발령 나면 떠나지만, '시민 정원사'는 마을에 남는다

리본 커팅식의 저주, 3년 뒤, 그 정원은 안녕하십니까?

시민 정원사 양성, 자원봉사가 아니라 '전문가'를 키워라

시민에게 정원을 입양하세요

일자리 혁명, 은퇴자가 아닌 '그린 칼라(Green Collar)'

정원은 치유와 의료이자 복지 인프라입니다

제11장
지속 가능성의 열쇠,
관(官)주도에서 민(民)주도로

1. 리본 커팅식의 저주, 3년 뒤, 그 정원은 안녕하십니까?

존경하는 시장님! 많은 지자체장이 겪는 '불편한 진실'이 하나 있습니다. 취임 초기 거창하게 예산을 들여 조성한 공원이나 정원이, 임기 말쯤 가보면 잡초가 무성하고 시설물이 부서진 흉물이 되어 있다는 사실입니다. 왜 이런 일이 반복될까요? 바로 '주인의 부재(不在)' 때문입니다. 정원을 기획한 담당 공무원은 1~2년이면 다른 부서로 순환보직을 받아 떠납니다. 새로 온 담당자는 전임자가 벌려놓은 사업에 애착이 없습니다. 결국 관리는 용역 업체에 맡겨집니다. 업체는 계약된 횟수만큼 기계적으로 풀을 깎을 뿐, 식물을 사랑으로 돌보지 않습니다. 이것이 바로 '관(官) 주도 정원'의 한계입니다. 행정은 '조성'에는 유능하지만, '가꿈'에는 무능할 수밖에 없는 구조적 한계를 가집니다. 정원의 지속 가능성을 담보하는 유일한 길은, 이 관리의 권한과 책임을 '시민(民)'에게 이양하는 것입니다.

2. 시민 정원사 양성, 자원봉사가 아니라 '전문가'를 키워라

　"시민들에게 맡기면 관리가 엉망이 되지 않겠습니까?" 천만의 말씀입니다. 호미 한번 잡아보지 않은 사람에게 무작정 맡기라는 것이 아닙니다. 체계적인 교육을 통해 '준(準)전문가'를 육성하라는 것입니다. [시민 정원사 아카데미]를 개설하십시오. 지역의 농업기술센터나 평생학습관을 활용해 3개월, 6개월 코스의 전문 교육 과정을 만드십시오. 식물의 생리, 전지(가지치기) 기술, 정원 디자인, 병해충 관리를 가르치십시오. 그리고 과정을 이수한 시민에게 시장님 명의의 '인증서'와 '제복(조끼/모자)'을 수여하십시오. 이 제복을 입은 시민 정원사들은 단순한 자원봉사자가 아닙니다. 우리동네의 경관을 책임진다는 막중한 사명감을 가진 '지역의 리더'입니다. 이들은 공무원이 퇴근한 저녁 시간에도, 주말에도 정원을 살피고 가꿉니다. 왜냐고요? 그곳이 바로 '내 마음속 정원'이 되기 때문입니다.

3. 시민에게 정원을 입양하세요
– 관리의 주체를 '관'에서 '민'으로 옮기는 기술

　정원은 만드는 것보다 유지하는 일이 더 어렵습니다. 처음 1~2년은 예산과 관심이 집중되지만, 시간이 지나면 잡초가 늘고, 예산은 줄고, 담당자는 바뀝니다. 결국 많은 공공 정원이 '시작은 화려했으나 유지가 안 되는 공간'으로 남습니다. 이 문제의 해법은 단순합니다. 관리의 주체를 행정에서 시민으로 옮기는 것입니다. '정원

입양제도'는 단순한 캠페인이 아니라 운영 구조의 전환입니다. 특정 구간을 시민 단체, 기업, 상인회, 학교에 공식적으로 위임하고, 그 책임과 권한을 명확히 부여하는 제도입니다. 행정은 감독자이자 지원자 역할을 하고, 실제 손길은 지역이 맡습니다.

1)기업(ESG) : 이미지가 곧 관리 동력이 됩니다. 관내 기업에게 회전교차로, 공원 일부 구간, 가로수 화단을 공식적으로 입양시키십시오. 단순 협조 요청이 아니라, 협약서를 체결하고 관리 구역을 명확히 지정합니다. 그 구역에는 기업명이 명시된 작은 안내판을 세웁니다. "이 정원은 ○○기업이 가꾸고 있습니다." 기업은 ESG 경영 실적과 브랜드 이미지를 위해 지속적 관리를 선택할 수밖에 없습니다. 정원은 가장 눈에 잘 띄는 사회공헌 무대이기 때문입니다. 광고판보다 비용은 적고, 시민 호감도는 높습니다. 행정은 토지 제공과 기본 설계 가이드라인만 제시하면 됩니다. 유지관리 인력은 기업이 직접 운영하거나, 지역 업체를 통해 수행하도록 유도할 수 있습니다. 예산은 줄고, 관리 품질은 올라갑니다.

2)상인회 : 생존 본능이 최고의 유지관리자가 됩니다. 골목 상권의 화단은 상인회에 맡기십시오. 상인들은 '내 가게 앞'이 곧 매출과 연결된다는 사실을 압니다. 행정은 기본 구조물과 식재 기준을 제공하고, 상인회는 일상 관리와 계절 교체를 맡습니다. 상인회가 주체가 되면 꽃 교체 시기, 청결 상태, 조명 점검이 훨씬 민감해집니다. 중요한 것은 책임 구역을 명확히 구분하는 것입니다. '이 구간은 ○○상인회 관리구역'이라는 표시만으로도 주인의식은 생깁니

다. 상권과 정원이 연결될 때 관리 비용은 줄고, 매출은 자연스럽게 상승합니다.

3)학교ㆍ유치원 : 기억이 공간을 스스로 키워갑니다. 아이와 부모에게 나무를 심게 하십시오. 그 나무가 있는 공간은 가족의 공간이 됩니다. 학교ㆍ유치원과 협약을 맺어 정원 일부를 체험 구역으로 지정하고, 정기적인 식재ㆍ가드닝 프로그램을 운영합니다. 아이와 부모가 함께심은 정원은 가족전체의 자랑이 되고 자부심이 됩니다. 아이와 부모는 정원의 변화와 자라는 모습을 매일 보게 되고 방문은 반복되고, 정원은 자연스럽게 사랑받는 공간이 됩니다. 공공 공간을 지키는 가장 강력한 방법은 '기억'을 심는 것입니다.

4)행정의 역할 : 관리자가 아니라 설계자 행정이 해야 할 일은 네 가지입니다. ①구역 분할 및 책임 범위 명확화 ②기본 설계ㆍ식재 가이드라인 제공 혹은 식제까지만 수행 ③최소한의 재료비(모종ㆍ퇴비ㆍ도구) 지원 ④연 1~2회 평가 및 우수 입양단체 시상 등 용역업체에 전면 위탁할 때의 10분의 1 예산으로도 운영이 가능합니다. 대신 행정은 품질 기준을 세우고, 관리 현황을 정기 점검해야 합니다. 입양단체가 자율성을 갖되, 방치하지 않도록 관리 체계를 갖추는 것이 핵심입니다. 지속가능성의 본질은 '주인의식'입니다. 이미 지역의 주인인 시민이 정원을 가꾸는 것은 도시의 자랑이 되고 자산이 됩니다. 정원은 행정이 관리할 때보다, 공공 예산은 줄어들어도, 자부심은 늘어납니다. 관리 주체가 '관'에 머무르면 정원은 사업이지만, '민간'으로 넘어가면 정원은 문화가 됩니다.

4. 일자리 혁명, 은퇴자가 아닌 '그린 칼라(Green Collar)'
– 지속 가능성의 열쇠는 사람입니다

 지속 가능한 도시는 예산으로 유지되지 않습니다. 사람으로 유지됩니다. 그리고 그 사람은 행정이 아니라 지역 안에 있습니다. 시민 정원사 제도는 단순한 공공 일자리 사업이 아닙니다. 이것은 도시 유지관리의 주체를 관에서 민간과 협업으로 전환하는 구조 개혁이며, 복지예산을 '소비'가 아닌 '생산'으로 바꾸는 전략입니다. 은퇴한 베이비부머 세대는 경험과 전문성, 그리고 여전히 건강한 신체를 지닌 인적 자산입니다. 기업을 경영했고, 조직을 이끌었고, 기술을 다뤄본 세대입니다. 이들에게 단순 청소나 단기 공공근로를 맡기는 것은 도시 차원에서 손실입니다. 이제는 이 인력을 '마을 정원사'라는 새로운 직무로 재정의해야 합니다. 마을 정원사는 무자격 인력이 아닙니다. 일정 기간의 교육과 실습을 통해 식물 생리, 계절 관리, 병해충 대응, 기본 전정과 안전 관리까지 배우고 인증을 받습니다. 그 후 각자 책임 구역을 부여받아 골목의 포켓 정원, 학교 숲, 아파트 외곽 녹지, 독거노인 주택의 작은 마당까지 돌봅니다. 대형 공원은 예산이 배정되지만, 도시의 상당 부분은 늘 관리의 사각지대에 놓여 있습니다. 마을 정원사는 바로 그 틈을 메우는 사람들입니다. 예산 구조 역시 바뀌어야 합니다. 단순 일당 지급이 아니라 책임 구역을 맡는 전문 수당 체계로 전환해야 합니다. 사람을 자주 교체하는 방식이 아니라, 일정 기간 동일한 구역을 맡아 애착과 숙련이 쌓이도록 해야 합니다. 정원은 연속성이 생명입니다. 같은 사람이 같은 공간을 오래 돌볼 때 품질은 눈에 띄게 달라집니다. 무엇보다 중요한 것은 위상입니다. 이들은 노무자가 아니라 지역 생태를 관리하는 그린 칼라 전문직입니다. 이름이 명시된 관리 표지판, 정기적인 평가와 시상, 지역 행사에서의 해설 참여 등 사회적 존중이 뒤따라야 합니다. 직업에 대한 자부심이 생길 때 책임감도 생깁니다. 이 제도는 복지·환경·고용을 하나로 묶습니다. 신중년의 고립을 줄이고 건강을 유지하게 하며, 도시의 녹지를 안정적으로 관리하고, 지역 커뮤니티를 촘촘히 연결합니다. 지출로 보이던 복지 예산이 도시 품격을 높이는 투자로 전환됩니다. 이것이 생산적 복지의 실질적 모델입니다.

정원은 사람들을 이어주는 현장 커뮤니티 공간

5. 정원은 치유와 의료이자 복지 인프라입니다

정원을 더 이상 '경관 시설'로만 보지 마십시오. 정원은 도시가 갖춰야 할 또 하나의 의료·복지 인프라입니다. 병원과 약국이 치료의 공간이라면, 정원은 예방과 회복의 공간입니다. 영국을 비롯한 여러 국가에서는 이미 '사회적 처방' 제도가 제도권 안에 자리 잡았습니다. 의사는 우울증, 불안장애, 경도 치매, 만성 스트레스 환자에게 약물 처방과 함께 지역 커뮤니티 활동을 연결합니다. 그 대표적 프로그램이 바로 가드닝입니다. 흙을 만지고, 식물을 돌보고, 햇볕을 쬐는 행위가 스트레스 호르몬인 코르티솔 수치를 낮추고, 심박 안정과 면역 반응 개선에 긍정적 영향을 준다는 연구 결과는 이미 축적되어 있습니다. 이것은 감성의 문제가 아니라 의학적 근거를 가진 개입입니다. 정원은 사람을 '움직이게' 합니다. 가볍게 걷고, 허리를 숙이고, 손을 사용하게 만듭니다. 이는 자연스럽게 신체 활동량을 높이고, 고령층의 근감소 예방에도 기여합니다. 동시에 흙의 미생물과 식물 향기는 정서 안정에 작용합니다. 무엇보다 중요한 것은 '관계'입니다. 함께 심고, 함께 돌보고, 함께 이야기하는 과정이 사회적 고립을 줄입니다. 외로움은 많은 질병의 근본 원인입니다. 정원은 그 고리를 끊습니다. 지자체는 보건소와 연계해 '치유 정원 프로그램'을 운영할 수 있습니다. 우울증을 겪는 독거노인을 위한 소규모 텃밭 활동, ADHD 아동을 위한 집중력 강화 원예 프로그램, 직무 스트레스가 높은 소방관과 경찰관을 위한 회복 가드닝 클래스 등 대상별 맞춤 프로그램을 설계할 수 있습니다. 이때 시민 정원사가 강사 역할을 맡고, 보건 인력이 상담과 모니터링을 병행하는 협업 구조를 만들면 됩니다. 핵심은 단발성 체험이 아니라, 정기적·반복적 참여입니다. 주 1회, 8주 과정과 같은 프로그램을 설계하고, 참여 전후 심리·건강 지표를 측정하면 효과는 수치로 관리할 수 있습니다. 이것이 의료와 복지를 연결하는 실질적 모델입니다. 의료비는 대부분 '사후 치료'에 집중됩니다. 그러나 만성질환과 정신건강 문제의 상당 부분은 예방과 생활습관 개선으로 완화할 수 있습니다. 정원은 가장 비용 효율적인 예방 의학 도구입니다. 약물과 병원 중심 치료에만 의존하는 구조를 보완하는 생활 기반 치료 공간입니다. 정원은 사람을 다시 숨 쉬게 합니다. 자연 속에서의 작은 성취는 자존감을 회복시키고, 공동 작업은 소속감을 회복시킵니다. 이는 약으로 대체하기 어려운 치유입니다. 도시는 병원을 짓는 것만으로 건강해지지 않습니다. 사람이 일상에서 회복할 수 있는 환경을 제공할 때 비로소 건강해집니다. 정원을 의료·복지 체계와 연결하십시오. 그 순간 정원은 경관이 아니라 치유가 되고, 예산은 비용이 아니라 투자로 바뀝니다.

정원활동은 커뮤니티를 넘어 교육의 장이면서도 놀이의 대상이기도 하다

제12장
정원의 인프라, 낭만을 지탱하는 '차가운 공학'

물과 흙을 모르는 정원은 반드시 무너진다

보이지 않는 기술 : 성공은 '땅속'에서 결정된다

식물은 '관계', 경쟁과 화합을 설계하는 생태 인프라

물 관리 시스템 :
정원의 생명줄을 '저장 · 분산 · 재사용'으로 바꿔라

토양 · 구조 · 에너지 :
인공지반 시대의 정원은 환경 공학 없이는 성공하지 못한다

데이터 기반 운영 :
시민의 행동과 식물의 생리를 동시에 읽어라

디지털 트윈과 예방 관리 :
고장 나기 전에 개입하는 체계로 전환하라

제12장
정원의 인프라,
낭만을 지탱하는 '차가운 공학'

존경하는 시장님, 시민들이 정원에서 보고 느끼는 것은 꽃과 나무가 만드는 생명현상입니다. 그러나 행정가와 정책 입안자가 반드시 보아야 할 것은 그 생명현상이 아름답게 '지속될 수 있는 구조'입니다. 정원은 한 번 예쁘게 만들어 놓는 경관 사업이 아니라, 살아있는 생태계를 도시 한가운데에 안정적으로 운영하는 시스템입니다.

요즘 정원은 더 이상 식재 중심의 조성에 머물지 않습니다. 물과 흙, 빛과 온도, 에너지와 시설, 데이터와 운영 체계가 결합된 하나의 인프라로 진화하고 있습니다. 기후가 빠르게 변하는 시대에 정원은 단지 보기 좋은 공간이 아니라, 도시의 열과 물을 조절하고 사람의 행동과 요구에 맞추어 변화, 조정되는 데이터기반 공공 인프라가 되어야 합니다. 이 장은 그 실행을 담보하는 기술과 행정의 결합 구조를 설명합니다.

지역의 정체성을 새롭게 바꿀만한, 정원은 중요한 인프라이다

1. 보이지 않는 기술 : 성공은 '땅속'에서 결정된다

식물의 성장은 대개 눈에 보이는 꽃이 아니라 눈에 보이지 않는 흙에서 시작됩니다. 나무가 말라 죽는 가장 흔한 이유는 수종이 나빠서가 아니라 뿌리가 숨 쉬지 못하기 때문입니다. 배수가 되지 않아 뿌리가 과습으로 썩거나, 토심이 얕아 뿌리가 충분히 확장하지 못해 건조 스트레스를 받거나, 성토와 다짐이 과도하여 토양 공극이 사라지면 뿌리는 산소를 잃고 기능을 멈춥니다.

식물은 감정이 아니라 생리적 규칙으로 살아갑니다. 특히 내가 40년의 식물관찰, 탐구의 결과로 정리해 온 '정원식물 신분증'의 관점처럼, 식물의 성격은 뿌리에서 출발합니다. 뿌리 구조와 뿌리의 굵기, 수분을 저장하는 방식, 빛과 온도에 대한 반응이 다르고, 그 차이가 곧 식물이 '살아남는 환경의 범위'를 결정합니다. 따라서 정원정책은 디자인 이전에 식물이 살 수 있는 기반 조건을 먼저 설계해야 합니다.

정원의 땅은 숨을 쉬고 물을 받아내며 사람의 마음까지 받아낸다

우리씨드의 정원은 한자리에서 봄에는 봄꽃이,
여름에는 여름꽃이, 가을겨울에는 또 가을겨울꽃이 피어난다.
식물의 성격에 맞춘 혼합, 서로 싸우지 않고
어울림을 강조한 혼합배식은 자연에서와 같은 리듬을 갖는다.

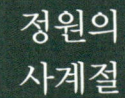

정원의
사계절

봄은 정원으로부터 온다

정원의 계절은 디자인에 따라
사계절 피고 지고를 반복한다
6월초 자연은 싱그러운 여름을 향해 달린다

정원의 계절감은
다시 찾는 공간으로 재생산된다

정원이 주는 다양한 관계는
계절이 바뀌는 것에서도
느낄 수 있다

이를 위해 현장의 토양 물리성 조사와 배수 계획을 선행하고, 교목·관목·지피별 최소 토심 기준을 명문화하며, 암거 배수와 우수 흐름선을 도면과 시방서에 반드시 반영해야 합니다. 토양 개량재와 유기물 배합 기준 또한 설계자가 임의로 적는 문구가 아니라, 현장의 토양과 기후 조건에 맞게 조정되는 '조건'으로 계약서에 작성해야 합니다. 정원은 흙 위에 올려 놓는 것이 아니라 흙 속에서 태어나기 때문입니다.

2. 식물은 '관계', 경쟁과 화합을 설계하는 생태 인프라

정원은 식물을 하나씩 예쁘게 배치하는 공간이 아닙니다. 식물은 혼자 자라지 않고, 서로 영향을 주고받으며 살아갑니다. 어떤 식물은 성장 속도가 빨라 주변 식물을 압도하고, 어떤 식물은 뿌리 확장이 강해 수분과 양분을 선점합니다. 상층 수목의 수관이 넓어지면 하층 식물의 광환경이 달라지고, 그늘이 깊어지면 같은 식물이라도 생육이 완전히 달라집니다. 따라서 정원 설계에서 중요한 것은 시공 후 처음의 모습이 아니라 시간이 흐른 뒤의 모습입니다. 정원이 3년, 5년, 10년 뒤에도 균형 있게 유지되려면 식물의 생리·생태적 특성, 즉 빛·물·온도 반응뿐 아니라 식물 간 경쟁과 보완 관계까지 설계에 반영해야 합니다. 여기서 행정이 해야 할 일은 명확합니다. 정원 설계와 발주를 단순 식재 디자인으로 보지 말고, 디자인·생태·수리·토양 전문가가 협업하는 통합 설계를 요구해야 합니다. 그래야 정원은 '그림'이 아니라 '작동하는 생태 시스템'이 됩니다. 이 협업 구조를 발주 단계에서부터 조건으로 거는 것이 정원을 인프라로 만드는 첫 번째 행정 기술입니다.

3. 물 관리 시스템 :
정원의 생명줄을 '저장 · 분산 · 재사용'으로 바꿔라

정원은 물이 있어야 살지만, 물 때문에 무너지기도 합니다. 가뭄과 폭우가 반복되는 기후 환경에서 물 관리는 단순 관수 문제가 아니라 생존 전략이며 동시에 도시 방재 전략입니다. 최근 정원 인프라의 핵심은 '필요할 때 물을 쓰는 기술'을 넘어 비가 올 때 물을 잡아 두고, 폭우 때는 분산시키며, 가뭄 때는 다시 쓰는 구조로 이동하고 있습니다.

스마트 관수 시스템은 토양 습도를 센서로 읽어 필요한 만큼만 공급함으로써 과습과 건조를 동시에 줄여 줍니다. 그러나 더 중요한 것은 폭우에 대한 대응입니다. 정원은 우수 흐름이 집중되는 구조를 피하고, 암거 배수와 저류 구조를 통해 물을 한 번에 흘려 보내지 않도록 설계해야 합니다. 빗물을 저장했다가 천천히 흘려 보내는 레인가든, 저류형 토양층, 그리고 오아시스 시스템과 같은 전면 저수형 구조는 정원을 도시의 방재 인프라로 끌어올립니다. 이때 정원은 단순히 예쁜 공간이 아니라, 도시 침수를 줄이고 물 부족을 완충하는 작은 댐이 됩니다. 정원이 도시의 물 문제를 해결하는 장치로 기능할 때, 정원 예산은 소비가 아니라 투자로 설명될 수 있습니다.

4. 토양 · 구조 · 에너지 :
인공지반 시대의 정원은 환경 공학 없이는 성공하지 못한다

도시 정원은 점점 더 옥상, 지하화 시설 상부, 복개 구조물 위로 올라갑니다. 이런 공간에서 정원은 자연 지반처럼 그냥 흙을 깔고 심는 방식으로는 유지될 수 없습니다. 경량 토양 기술은 하중을 줄이면서도 식물이 뿌리내릴 수 있는 공극과 수분 저장 능력을 동시에 확보해야 하며, 방근 시트는 뿌리가 구조물을 훼손하지 않도록 통제해야 합니다. 식물의 뿌리는 물에 의해 통제 하는 것이 가장 유리합니다. 뿌리는 물을 찾은 귀신입니다. 그러나 물이 많으면 그때부터 게으름을 피웁니다. 뿌리는 어렵지 않게 관리할 수 있습니다. 또한 정원의 운영은 에너지와 조명 인프라와도 연결됩니다. 야간 이용이 늘어날수록 조명은 안전과 경험을 좌우하는 핵심 요소가 되며, 태양광 등 친환경 에너지와 스마트 조명 제어는 운영비와 지속 가능성을 함께 관리하는 기술이 됩니다. 정원이 낮에만 존재하는 공간이 아니라 하루의 시간을 확장하는 공간이 되려면, 빛과 에너지의 설계 역시 인프라로 다뤄져야 합니다.

저자의 작품
아리가든

5. 데이터 기반 운영 :
시민의 행동과 식물의 생리를 동시에 읽어라

시장님, 이제 정원은 '완공'이 아니라 '운영'에서 완성됩니다. 그리고 운영의 품질은 데이터로 결정됩니다. 정원을 스마트하게 만든다는 말은 센서를 설치한다는 뜻이 아닙니다. 정원이 어떻게 쓰이는지(시민), 식물이 어떻게 반응하는지(생리)를 수치로 읽고, 그 결과를 다시 관리와 설계에 반영하는 순환 구조를 만든다는 뜻입니다.먼저 시민의 이용 데이터를 보겠습니다. 정원 조성 후 예측하지 못했던 유치원생들의 이용이 늘어나는 경우가 실제로 자주 발생합니다. 이때 행정은 사람이 많아 좋다로 끝내지 않고, 이용 패턴을 분석해 정원을 조정해야 합니다. 오전 시간대 특정 구간 체류가 급증한다면 그 공간은 '어린이 중심 공간'으로 역할이 바뀐 것입니다. 그에 맞춰 어린이 눈높이에 반응이 큰 화사한 초화류를 보강하고, 나비를 부르는 밀원 식물을 추가하며, 안전성(독성 식물·날카로운 수목·미끄럼 구간)을 재점검해야 합니다. 잔디가 과도하게 눌리는 구간이 생기면 내답압성 품종으로 교체하거나 포장·멀칭을 조정해야 합니다. 이는 단순 미관이 아니라 시민의 이용 품질을 유지하는 '운영 조정'입니다.

다음으로 식물 데이터를 보겠습니다. 폭염이나 가뭄이 예측된다면, 정원은 사후 복구가 아니라 선제 대응으로 관리해야 합니다. 토양 수분과 지온 데이터가 일정 기준 아래로 떨어지면 관수 패턴을 조정하고, 증발이 심한 구간은 멀칭과 차광을 강화하며, 고온 스트레스에 취약한 수종은 내열성 대안으로 전환해야 합니다. 반대로 집중호우가 예측되면 저류 공간을 사전에 확보하고 배수로를 점검하며, 과습 지속 구간은 토양 공극을 개선하거나 내습성 수종으로 재구성해야 합니다. 정원은 기후의 영향을 가장 먼저 받는 공간이므로, 예보–센서–현장 조치가 연결된 체계를 갖추어야 합니다. 이것이 데이터 기반의 선제적 관리입니다.

6. 디지털 트윈과 예방 관리 : 고장 나기 전에 개입하는 체계로 전환하라

정원 유지관리의 가장 큰 비용은 문제가 터진 뒤, 사후 처방으로 들어갑니다. 나무가 죽고, 잔디가 망가지고, 시설이 파손된 뒤에 복구하면 비용은 늘고 시민 불만은 커집니다. 스마트 정원의 목표는 고장 난 뒤 고치는 정원이 아니라, 고장 나기 전에 개입하는 정원입니다.

디지털 트윈 기반 관리는 정원의 식재 상태, 시설물 노후, 토양·기후 데이터를 통합해 가상 공간에서 관리 우선순위를 결정합니다. 어디가 먼저 말라가고 있는지, 어느 구간이 반복적으로 침수되는지, 어떤 동선에서 과밀로 마모가 발생하는지 예측할 수 있어야 합니다. 이렇게 되면 행정은 인력과 예산을 '예방'에 집중할 수 있고, 정원은 매년 더 안정적으로 진화합니다. 정원은 완공된 시설이 아니라, 데이터를 통해 학습하고 성숙해지는 도시 자산입니다.

제13장
글로벌 파트너십의 함정과
장인(Master) 전략

이름값이 아니라 '생존율'을 믿고,
아마추어가 아닌 '프로 기업'과 손잡아라

해외 기술의 역설 : 왜 거장의 정원이 한국에만 오면 죽는가?

국내 장인중심의 컨소시엄을 구성하는 것입니다

미래 전략 : '동네 연구소'로는 안 된다, '전문 기업'과 손잡아라

검증된 전문가를 찾아라 : '생존'이 곧 실력이다

제13장
글로벌 파트너십의 함정과
장인(Master) 전략

1. 해외 기술의 역설 : 왜 거장의 정원이 한국에만 오면 죽는가?

존경하는 시장님!

세계적인 정원 디자이너를 모셔오는 것은 훌륭한 마케팅입니다. 언론이 주목하고 시민들이 환호합니다. 하지만 테이프 커팅식이 끝나고 그들이 본국으로 떠난 뒤, 그 정원을 책임지는 것은 누구입니까?

우리는 뼈아픈 실패 사례를 직시해야 합니다. 세계적인 수직정원의 창시자가 설계한 국내 랜드마크 건물은, 한국의 혹독한 겨울과 여름의 폭염을 견디지 못하고 식물이 죽어버렸습니다. 그래서, 매번 식물을 추가 보식해도 살아가지 못하고 다시 말라버립니다. 자연주의 정원의 거장이 설계한 지방의 한 정원도 매년 수 억원을 들여 죽은 식물을 다시 심는 '보식 공사'를 반복하고 있습니다. 결국은 살아나겠죠? 그러나 작가의 의도와는 다른 평범한 정원으로 회귀하고 말 것입니다.

이것은 작가의 예술성이 부족해서가 아닙니다. 그들이 '한국의 미기후(Micro-climate)'를 몰랐기 때문입니다. 유럽의 온화한 기후와 달리, 한국은 여름에는 35도가 넘는 고온다습한 찜통이고, 겨울에는 영하 20도의 시베리아가 됩니다. 연교차가 무려 60도에 육박하는 이 가혹한 환경은, 외국의 이론만으로는 절대 극복할 수 없는 '생존의 사각지대'입니다.

해외의 유명작가를 불러서 설치한 수직정원, 식물의 생태는 미기후를 알아야만 성공할 수 있다

2. 국내 장인중심의 컨소시엄을 구성하는 것입니다

해외의 디자인 감각은 받아들이되, 그것을 현장에 구현하는 '실질적 권한'은 이 땅의 흙을 아는 국내 장인들에게 주어야 합니다. 그리고 장인 혼자 일하게 두지 마십시오. 정원은 종합 예술입니다.

강동의
수직정원 행수는
한국의 식문화에서
영감을 받은
행복한 수직정원
이야기로
K수직정원의
진수가 되었다

봄부터 가을까지
꽃이 피고,
겨울에는
상록이 되는
우리식
수직정원이다

발주 조건을 혁신하십시오. 단순한 조경 업체가 아니라, 장인을 중심으로 설계전문가, 토양 전문가, 수리(물) 전문가, AI데이타 전문가가 포함된 '드림팀(컨소시엄)' 구성을 의무화 하십시오. 또한, 장인이 자신의 철학을 완벽하게 구현할 수 있도록 예산뿐만 아니라 '사람(전문정원사)'을 파격적으로 지원하십시오. 단순 노무자가 아닌, 장인의 손발이 되어줄 전문가들이 붙어야 정원은 살아남습니다.

3. 미래 전략 : '동네 연구소'로는 안 된다, '전문 기업'과 손잡아라

　하드웨어(시설)는 누구나 베낄 수 있습니다. 정원 도시의 승패는 결국 남들이 갖지 못한 '고유 품종(IP)' 확보에 달려 있습니다. 하지만 여기서 행정이 가장 많이 범하는 실수가 있습니다. 바로 우리 농업기술센터나 관내 대학에서 개발해 보자는 안일한 생각입니다.

　냉정하게 말씀드립니다. 육종(Breeding)은 고도의 바이오 기술이자 시간과의 싸움입니다. 연구 인프라가 부족한 공공기관이 덤벼들었다가는 10년이 지나도 시장성 없는 품종 하나 만들기도 힘듭니다. 확실한 성공을 위해서는 이미 전 세계 유전자원(Gene Pool)을 보유하고 있고, 신품종 등록 및 로열티 비즈니스 경험이 풍부한 '전문 육종 기업'과 컨소시엄을 맺어야 합니다.

대한민국을 넘어 세계적 품종으로 로열티를 수출하고 있는 패랭이
봄부터 가을까지 피어난다

① **속도전 (Speed)** : 전문 기업은 이미 수천 가지의 후보군을 가지고 있습니다. 그중 우리 지역 기후에 맞고 관상 가치가 뛰어난 것을 선별하여 2~3년 내에 상품화할 수 있습니다. 10년 걸릴 일을 3년으로 단축하는 것이 기업의 기술력입니다.

② **국제 표준 (Global Standard)** : 동네에서만 통하는 예쁜 꽃은 필요 없습니다. 전문 기업은 세계 화훼 시장의 트렌드를 알고 있습니다. 해외 바이어가 돈을 주고 사고 싶어 하는 '글로벌 표준 품종'을 개발해야 합니다.

③ **로열티 수익화 (IP Business)** : 개발보다 중요한 것이 '권리 보호'입니다. 전문 기업의 법무 팀과 협력하여 품종보호권(PBR)을 확보하고, 우리 지역만의 무기로 타 지자체의 배끼기 즉, 따라하기를 원천차단해야 합니다. 또한, 가능하다면 한국을 넘어 해외에 수출로 '로열티(Royalty)'를 징수하는 시스템을 구축하십시오.

'더위에 강한 대구 장미', '추위에 강한 평창 수국' 이런 브랜드는 공무원이 만드는 것이 아닙니다. '육종전문가'가 만드는 것입니다. 행정은 예산과 테스트베드(부지)를 제공하고, 기술 개발은 프로에게 맡기십시오.

4. 검증된 전문가를 찾아라 : '생존'이 곧 실력이다

현재의 '최저가 입찰' 방식으로는 이런 전문가 그룹을 모실 수 없습니다. 또한 구멍가게 수준의 지역 업체를 고집하는 순간, 실패하고 맙니다. 입찰에서 싼 가격을 써낸 업체는 싼 자재나 품종을

쓰고, 지역에 한정된 업체는 딱, 그 수준으로 결국 정원은 망가집
니다. '협상에 의한 계약'이나 '지명 경쟁'을 통해, 실적이 확실한
전문가를 선정해야 합니다. 지역업체에 주고 싶다면 그들과 협력
하게 하십시오. 지역업체에게 기술전수와 관리권을 부여하면 서로
원원할 수 있게 됩니다.

성공을 담보하는 전문 업체 선정 3가지 평가 기준

아름답고 건강한 생존율	과거 진행한 프로젝트에서 식재, 조성한 정원들이 3년 후에도 건강하게 유지되고 살아있는가? (화려한 조감도보다 중요한 것은 건강하고 아름다운 생존 성적표입니다)
IP 확보 능력	자체적으로 보유한 특화 품종이나 기술 특허가 있는가? (단순 시공사가 아닌 기술 기업을 뽑아야 합니다)
경제 효과	정원 조성을 통해 실제로 주변 상권을 살려낸 구체적인 실적을 가지고 있는가? 얼마나 싸게 짓느냐가 아니라, 얼마나 독보적인 기술(품종)을 가졌는가가 유일한 평가 기준이 되어야 합니다

온도 2℃ 하락은 냉방비 절감액으로,
침수 감소는 복구비 절감액으로,
체류 시간 증가는
매출 증가액으로 연결되어야 합니다.

정원 조성 예산이 30억 원이라면,
3년간의 절감 및 파급 효과가
40억 원이라는 계산 구조를
제시할 수 있어야 합니다.

그 순간
정원은 지출이 아니라 투자로 분류됩니다.

제14장
데이터 행정

"예쁘다"는 말 대신 숫자로 보고하게 하십시오

무엇을 측정해야 하는가?

데이터는 이미 존재한다

숫자를 재정 효과로 번역하라

제14장
데이터 행정

존경하는 시장님, 군수님,

정원 정책은 언제나 좋은 의도로 시작됩니다. 시민의 삶의 질을 높이고, 도시의 경관을 개선하며, 지역 경제 활성화를 위하며 기후 위기에 대응하겠다는 분명한 목적을 갖고 추진됩니다. 실제로 현장을 방문해 보면 사람들의 표정은 밝아지고, 이용률도 높으며, 주변 분위기도 달라집니다. 그러나 이러한 긍정적인 변화가 행정의 핵심 의사결정 구조 안으로 들어오는 순간, 우리는 하나의 벽을 마주하게 됩니다. "그래서, 이 사업이 재정적으로 어떤 의미가 있습니까?"라는 질문입니다.

이 질문에 명확히 답하지 못하면, 정원 정책은 좋은 사업으로는 남을 수 있어도 '지속 가능한 정책'으로는 자리 잡기 어렵습니다. 왜냐하면 행정의 언어는 감성이나 분위기가 아니라, 수치와 근거, 그리고 재정적 영향으로 구성되기 때문입니다.

정원은 분명 효과가 있습니다. 다만 그 효과를 수치로 정리하지 않았을 뿐입니다. 이 장에서 말하고자 하는 데이터 행정이란, 정원 정책의 효과를 처음부터 끝까지 측정하고, 그 결과를 행정 언어로 번역하는 체계를 갖추는 것을 의미합니다.

1. 무엇을 측정해야 하는가?

정원은 하나의 기능만 수행하지 않습니다. 나무 한 그루를 심는 일은 단지 그늘을 만드는 데 그치지 않습니다. 주변의 온도를 낮추고, 보행자의 체류 시간을 늘리며, 소비 패턴을 바꾸고, 나아가 건강과 복지 지표에도 영향을 줍니다. 그렇다면 성과 역시 여러 층위에서 측정되어야 합니다.

첫째, 기후와 열환경의 변화입니다. 정원이 조성된 이후 해당 지역의 평균 지표면온도가 얼마나 변화했는지, 폭염일의 체감온도는 어떻게 달라졌는지, 시민들이 그 공간에 머무는 시간이 얼마나 늘어났는지를 살펴보아야 합니다. 기상청의 기후 데이터와 통신사의 유동 인구 데이터를 결합하면 조성 전후의 변화를 비교할 수 있습니다. 예를 들어 여름철 평균 표면온도가 2.5℃ 하락했다는 결과가 나온다면, 그것은 단순히 "시원해졌다"는 체감 수준의 표현을 넘어, 냉방 에너지 사용량 감소와 연결됩니다. 여기서 한 걸음 더 나아가, 그 에너지 절감분을 연간 비용 절감액으로 환산하여 보고할 때, 정원은 기후 적응 정책이자 에너지 절감 정책으로 자리매김하게 됩니다.

둘째, 물순환과 방재 효과입니다. 정원이 빗물을 흡수한다는 사실은 누구나 알고 있지만, 행정에서는 어느정도 즉, 지수가 중요합니다. 단위 면적당 저류량은 얼마인지, 강우 시 유출 지연 시간은 얼마나 확보되었는지, 침수 민원은 몇 퍼센트 감소했는지를 계량해야 합니다. 이러한 수치는 하수처리장 유입 기록과 강우 데이터, 민원 통계를 통해 충분히 산출 가능합니다. 침수 빈도가 감소하고 복구 비용이 줄어들었다는 점이 확인된다면, 정원은 더 이상 조경 시설이 아니라 분산형 방재 인프라로 평가받게 됩니다.

셋째, 에너지 절감 효과입니다. 옥상 정원과 수직 정원은 건물의 단열 성능에 직접적인 영향을 미칩니다. 건물 에너지관리시스템의 전력 사용 데이터를 분석하면 여름철 전력 사용량의 변화를 확인할 수 있습니다. 예컨대 냉방 전력 사용량이 14% 감소하고 연간 1,500만 원의 전기료 절감 효과가 나타났다면, 이는 단순한 체감 개선을 넘어 명확한 재정적 성과가 됩니다.

넷째, 상권과 지역경제의 변화입니다. 정원이 생긴 후 사람들은 단순히 방문하는 데 그치지 않고 머무르게 됩니다. 체류 시간이 늘어나면 소비로 이어집니다. 통신사의 유동 데이터와 카드사 매출 데이터를 결합하면 조성 전후의 매출 변화를 비교할 수 있습니다. 반경 500m 내 음식업 매출이 전년 대비 23% 증가하고, 공실률이 절반 수준으로 감소했다는 결과는 정원이 지역경제에 미친 영향을 분명하게 보여줍니다. 이러한 수치는 상권 활성화 정책과 직접적으로 연결될 수 있습니다.

다섯째, 건강과 복지 지표입니다. 정원 치유 프로그램에 참여한 고령자의 우울 척도 변화, 운동량 증가, 의료비 지출 변화 등은 보건소와 건강보험 데이터를 통해 분석할 수 있습니다. 의료비 지출이 감소하거나 증가 속도가 완화되었다면, 정원은 복지 예산을 절감하는 예방 인프라로 설명될 수 있습니다.

여섯째, 탄소와 환경 지표입니다. 연간 탄소 흡수량, 미세먼지 저감률, 생물다양성 증가 등은 환경 정책과 연결됩니다. 이러한 지표는 지방정부의 탄소중립 계획과 ESG 전략에도 중요한 근거가 됩니다.

2. 데이터는 이미 존재한다

데이터 행정이란 반드시 새로운 장비를 설치하는 것을 의미하지는 않습니다. 기상청의 기후 데이터, 통신사의 유동 인구 데이터, 카드사의 매출 데이터, 건강보험 통계, 하수처리장 운영 기록, 건물의 에너지 사용 데이터는 이미 존재합니다. 중요한 것은 이 데이터를 정원 위치와 연결하여 분석하는 것입니다. GIS 상에서 정원 조성 지역을 표시하고, 그 주변의 변화를 비교하는 것만으로도 정책 효과는 상당 부분 입증됩니다. 핵심은 데이터를 새로 만드는 것이 아니라, 흩어져 있는 데이터를 통합하여 정책적 의미를 도출하는 데 있습니다.

3. 숫자를 재정 효과로 번역하라

성과를 측정하는 것에서 멈추어서는 안됩니다. 마지막 단계는 그 성과를 재정적 가치로 환산하는 것입니다. 온도 2℃ 하락은 냉방비 절감액으로, 침수 감소는 복구비 절감액으로, 체류 시간 증가는 매출 증가액으로 연결되어야 합니다. 정원 조성 예산이 30억 원이라면, 3년간의 절감 및 파급 효과가 40억 원이라는 계산 구조를 제시할 수 있어야 합니다. 그 순간 정원은 지출이 아니라 투자로 분류됩니다. 의회와 예산 부서는 바로 이 환산 구조를 통해 정책의 지속 가능성을 판단합니다.

도시 전체를 하나의 캔버스로 보고,
여러 부서를 하나의 오케스트라로 지휘할
'지휘자'가 있어야
정원도시가 완성됩니다.

제15장
조직 혁신,
정원도시 컨트롤타워

녹지업무로는 부족합니다
정원은 도시 운영 전체를 바꾸는 통합 인프라입니다

칸막이 행정의 비극, 어제 조성했는데, 오늘 파헤칩니다

왜 '과(課)'로는 안 되는가?

정원은 문화+인프라+경제가 한 몸입니다

통합 솔루션, '정원도시국(局) 또는 정원도시실(室)'이 필요합니다

정원도시 컨트롤타워의 핵심

프로세스 혁신, '그린 퍼스트(Green First)'로
도시 설계 기본을 바로 세워야 합니다

인허가 권한의 통합, 민간 건축을 움직이지 않으면 반쪽짜리입니다

통합 리더의 조건, 기술자가 아니라 '경영자'가 필요합니다

제15장
조직 혁신, 정원도시 컨트롤타워

1. 칸막이 행정의 비극, 어제 조성했는데, 오늘 파헤칩니다

존경하는 시장님, 도시 행정의 현장에서 매년 반복되는, 웃기지만 결코 웃을 수 없는 장면이 있습니다. 3월에는 도로과가 멀쩡한 보도블록을 뒤집어 새것으로 교체합니다. 4월에는 공원녹지 부서가 가로수를 심겠다며 그 자리를 다시 뜯어냅니다. 5월이 되면 하수 부서가 노후 관로를 교체한다며 방금 심은 나무를 뽑고 땅을 또 팝니다.

문제는 실무자의 성의가 아닙니다. 구조의 문제입니다. 부서별로 예산을 따로 편성하고, 공정을 따로 발주하고, 성과를 따로 보고하는 구조에서는 같은 장소가 반복해서 파헤쳐질 수밖에 없습니다. 결과는 뻔합니다. 시민의 혈세는 공중분해 되고, 민원은 폭증하며, 현장은 지치고, 정책 신뢰는 무너집니다. 이것이 악명 높은 칸막이 행정, '사일로 효과(Silo Effect)'의 민낯입니다.

그런데 시장님, 더 큰 문제는 따로 있습니다. 이런 비극이 단지 도로·하수·녹지과의 공정 충돌에서만 발생하는 것이 아니라는 점입니다. 정원정책은 문화, 관광, 보건, 의료, 환경, 재난, 교통, 상권, 교육까지 전 분야에 걸쳐 기능이 중첩됩니다. 즉, 정원은 '녹지업무'가 아니라 도시 운영 전체와 맞물린 종합 정책입니다. 그럼에도 정원을 단순히 공원녹지과의 업무로만 다루는 순간, 정원도시는 애초에 완성될 수 없습니다.

2. 왜 '과(課)'로는 안 되는가?
정원은 문화+인프라+경제가 한 몸입니다

정원은 본질적으로 문화적 성격이 강합니다. 장소의 품격을 만들고, 시민의 일상을 바꾸며, 도시의 브랜드를 결정합니다. 그러나 정원은 동시에 철저히 기능적입니다. 비를 가두고(치수), 열을 낮추고(기후), 공기를 정화하고(환경), 사람을 머물게 하고(경제), 건강을 회복시키며(보건·의료), 걷는 동선을 바꾸고(교통), 안전사고를 줄입니다(재난·안전).

이렇게 기능이 겹쳐지는 정책은 '단순 녹지업무' 프레임으로 다루면 반드시 실패합니다. 이유는 간단합니다. 공원녹지과는 '나무를 심는 권한'은 있어도 '도로를 설계하는 권한'이 없습니다. 도로과는 포장을 하는 권한은 있어도 빗물을 저장하도록 설계하는 권한이 없습니다. 하수 부서는 관로를 교체하는 권한은 있어도 공간을 정원형 물순환 구조로 바꾸는 권한이 없습니다. 보건 부서는 프로그램은 만들 수 있어도 정원 공간 자체를 설계하는 권한이 없습니다. 재정 부서는 예산 배분은 하지만 통합 편익(ROI) 설계를 구조적으로 요구하지 않습니다.

즉, 정원도시는 각 부서가 '자기 업무'만 잘해서 되는 일이 아닙니다. 처음부터 하나의 목표 아래 기획되고, 예산이 묶이고, 설계가 통합되고, 발주가 합쳐지고, 성과지표(KPI)가 함께 관리되어야만 성과가 나옵니다. 이걸 할 수 있는 조직 단위는 '과'가 아니라 '국' 혹은 '실'입니다.

3. 통합 솔루션, '정원도시국(局) 또는 정원도시실(室)'이 필요합니다

해법은 하나입니다. 도시의 골격(도로 · 건축)과 혈관(물 · 녹지)을 동시에 기획하고 조율하는 통합 컨트롤타워를 만드십시오. 가칭 '정원도시국' 혹은 '정원도시실'입니다.

핵심은 조직 이름이 아니라 권한의 단위입니다. 과 단위 조직은 부서 간 협조를 '요청'할 수밖에 없습니다. 반면, 국 · 실 단위 조직은 계획 · 예산 · 인허가 협의까지 '지시'할 수 있습니다. 정원도시의 성패는 바로 이 권한 차이에서 갈립니다.

정원도시국(실)이 해야 할 일은 명확합니다. 정원을 예쁘게 관리하는 부서가 아니라, 정원을 통해 도시 운영 비용을 줄이고 경제를 돌리는 부서여야 합니다.

4. 정원도시 컨트롤타워의 핵심
설계하고, 발주하고, 평가를 통합하라

첫째, 통합 기획입니다. 도로 정비, 가로수 식재, 빗물 저류, 보행 동선, 상권 활성화, 치유 프로그램이 제각각 추진되면 도시가 찢어집니다. 컨트롤타워는 도시의 핵심 축을 선정하고, 그 축에서 무엇을 '정원 인프라'로 묶을지 먼저 결정해야 합니다. 정원은 작은 점이 아니라 도시를 관통하는 선과 면으로 설계되어야 하기 때문입니다.

둘째, 통합 설계(멀티 기능 설계)입니다. 도로는 차만 다니는 곳이 아니라 물을 저장하고(치수), 바람길을 만들고(환경), 그늘을 제공하며(기후), 사람이 걷고 머무는 경제 공간이 되어야 합니다. 이 설계를 하려면 토목·조경·수자원·환경·교통·디자인이 한 팀으로 움직여야 합니다. 정원도시국은 바로 그 드림팀의 조정자여야 합니다.

셋째, 통합 발주입니다. 도로 포장 따로, 하수관 따로, 조경 따로 발주하는 순간 중복 굴착이 시작됩니다. 컨트롤타워는 '하나의 프로젝트'로 묶어 발주해야 합니다. 공사 기간이 줄고, 민원이 줄고, 무엇보다 예산이 줄어듭니다. 이 절감된 예산이 다시 정원의 품질과 유지관리로 재투자될 때 선순환이 만들어집니다.

넷째, 통합 유지관리입니다. 정원은 준공식으로 끝나지 않습니다. 유지관리는 단순 관리가 아니라 도시의 성과를 유지하는 '운영'입니다. 물길이 막히면 침수 방제 효과가 사라지고, 그늘이 줄면 열섬 예방 효과가 사라지며, 프로그램이 끊기면 치유 효과가 사라집니다. 컨트롤타워는 시설·식재·프로그램을 한 묶음으로 운영하는 기준을 가져야 합니다.

다섯째, 통합 KPI 관리(데이터 행정과 직결)입니다. 정원도시는 '아름다운 도시'로 평가받는 도시가 아니라, '사회적 비용이 줄었다'로 평가받아야 하고 '경제의 낙수효과가 좋아졌다'는 경제도시여야 합니다. 14장에서 제시한 온도, 에너지, 침수, 체류시간, 매출, 의료비 같은 KPI는 각 부서가 나눠 갖는 순간 힘을 잃습니다. 컨트롤타워가 성과지표를 통합해서 관리하고 시장, 군수에게 정기 보고할 때, 정원은 도시 경영의 핵심 전략이 됩니다.

5. 프로세스 혁신, '그린 퍼스트(Green First)'로
도시 설계 기본을 바로 세워야 합니다

시장님, 조직을 바꾸면 일하는 방법도 바뀌어야 합니다. 지금까지 조경은 토목 공사가 끝난 뒤 남는 자투리땅을 가리는 '화장술'처럼 취급되어 왔습니다. 그러나 정원도시는 반대로 해야 합니다.

정원경제학이 제안하는 핵심은 '선(先) 정원, 후(後) 토목'입니다. 물길과 바람 길, 그늘과 보행축 같은 녹색 인프라를 먼저 기획하고, 통합하여 도로와 건물을 앉히는 방식입니다.

즉, 건물을 짓고 정원을 부차적 개념의 적용하는 게 아니라, 그 목적과 중요도에 따라 통합적으로 기획하고 각 단계마다 최종 결과물이 최상, 최적의 성과물이 되도록 통합해야 합니다. 이 작은 방향, 혹은 개념전환이 도시의 품격과 비용 구조를 바꿉니다. 침수 대응 비용이 줄고, 폭염 대응 비용이 줄고, 걷고 머무는 상권이 살아나며, 시민 건강 비용이 줄어드는 구조가 시작됩니다.

6. 인허가 권한의 통합, 민간 건축을 움직이지 않으면 반쪽짜리입니다

공공부지만으로는 정원도시가 완성되지 않습니다. 도시 면적의 대부분은 민간 건축물입니다. 따라서 컨트롤타워는 단순한 조성 부서가 아니라, 건축 인허가 협의 권한을 가져야 합니다. 대형 건축물 인허가 단계에서 '법적 조경 면적'만 채우게 두지 마십시오. 옥상 빗물 저류, 벽면 녹화, 햇빛 차단을 위한 설계, 보행 연결 같은 핵심 조건을 허가 조건으로 내걸 수 있어야 합니다. "우리 시에서 건물을 지으려면, 물을 가두고 녹지를 품는 구조가 기본입니다." 이 가이드라인이 작동할 때, 민간 자본이 공공의 방재·기후 인프라 구축에 참여하게 됩니다. 이것이 가장 비용 효율적인 정원도시 확장 방식입니다.

7. 통합 리더의 조건, 기술자가 아니라 '경영자'가 필요합니다

시장님, 마지막으로 이 조직을 누가 이끌어야 하는지 결정하셔야 합니다. 정원도시국장은 단순히 나무 이름을 많이 아는 사람이어서는 안 됩니다. 또한 토목 논리만 강한 사람이어도 안 됩니다. 이 자리는 충돌하는 이해관계를 조정하고, 예산실과 의회를 데이터로 설득하며, 민간 투자와 지역 경제를 연결하는 경영자형 리더가 필요합니다. 물론, 녹지, 정원전문가라면 금상첨화 이겠지만, 운영은 경영입니다. 필요하다면 외부에서 검증된 도시 계획가, 조경가를 총괄리더로 영입하여 실질적 권한을 주십시오. 도시 전체를 하나의 캔버스로 보고, 여러 부서를 하나의 오케스트라로 지휘할 '지휘자'가 있어야 정원도시가 완성됩니다.

PART

4

정치와 리더십,
성공하는 리더의
로드맵

제16장
필승 공약 매뉴얼,
표심을 잡는 공간 전략

정원, 꽃을 심는 일이 아니라 지역경제 인프라로 말하세요

선거에서 정원 공약이 성공하려면, '경제의 언어'로 설계되어야 합니다

정원경제학의 핵심은 '정원 → 체류 → 소비'라는 도시 경제의 변화입니다

정원은 '부동산 자산'의 방어막으로 작동합니다

정원은 도시의 '비용'을 줄이는 정책이며, 그 자체로 재정 전략입니다

국가정원 · 지방정원은 '관광 산업'이자 '지역 경제 플랫폼'으로 접근해야 합니다

타겟별 공약은 '감성'이 아니라 '경제적 이해관계'에 맞춰 구체화되어야 합니다

제16장
필승 공약 매뉴얼,
표심을 잡는 공간 전략

　존경하는 후보자님! 정원은 이제 더 이상 '예쁜 공원'이나 '식재 사업'의 범주에 머물지 않습니다. 정원은 시민의 생활 동선 속으로 들어왔고, 생활비와 자산 가치에 직접 영향을 주는 도시 인프라가 되었습니다. 그럼에도 많은 후보가 아직도 정원을 '꽃을 심고, 나무를 심고, 휴식 공간을 늘리겠다'는 말로만 설명합니다. 이 방식은 선거에서 오래 버티지 못합니다. 왜냐하면 유권자는 정원 자체를 반대해서가 아니라, 그것이 내 삶의 경제적 이익과 어떻게 연결되는지 듣지 못했기 때문입니다.

　『정원경제학』이 말하는 핵심은 단순합니다. 정원은 감성의 영역이 아니라, 도시의 비용 구조와 수익 구조를 동시에 바꾸는 경제 장치라는 점입니다. 정원이 생기면 도시의 열섬현상과물이 달라지고, 사람의 이동과 체류가 달라지며, 그 변화가 다시 매출과 의료비, 부동산 가치와 같은 경제 지표로 연결됩니다. 후보가 해야 할 일은 정원을 좋은 사업으로 말하는 것이 아니라, 정원이 만들어내는 이 경제적 작동 원리를 유권자가 이해할 수 있게 설명하고, 그 구조를 공약으로 설계하는 것입니다.

1. 선거에서 정원 공약이 성공하려면,
   '경제의 언어'로 설계되어야 합니다

선거 현장에서 유권자는 거창한 구호에 쉽게 반응하지 않습니다. '탄소중립', '기후위기 대응', '생태도시' 같은 말은 옳지만 너무 멀게 느껴집니다. 유권자는 결국 '그래서 내 집값이 지켜지나?, 우리 동네 상권이 살아나나?, 아이 키우기 좋아지나?, 병원비가 줄어드나?' 같은 질문으로 판단합니다. 즉, 선거는 환경 담론이 아니라 생활의 경제 문제로 귀결됩니다. 정원 공약이 표심을 얻는 순간은, 정원이 '꽃밭'이 아니라 자산과 매출과 비용을 움직이는 정책으로 이해될 때입니다. '세금으로 꽃을 심겠습니다'라는 문장은 공격당하기 쉽습니다. 하지만 '정원 인프라로 생활비와 도시 유지비를 줄이고, 자산 가치를 방어하겠습니다'라고 말하면, 정원은 비용이 아니라 투자로 해석됩니다. 이 차이는 말장난이 아니라, 정책의 프레임을 바꾸는 일입니다. 프레임이 바뀌면 유권자가 받아들이는 정책의 성격 자체가 달라집니다.

2. 정원경제학의 핵심은 '정원 → 체류 → 소비'라는
   도시 경제의 변화입니다

도시의 경제는 기본적으로 사람의 이동과 체류에서 시작됩니다. 차가 빠르게 지나가는 거리에서는 돈이 돌지 않습니다. 사람이 멈추고 머무는 곳에서 소비가 생깁니다. 정원은 도시를 '통과형 도시'에서 '체류형 도시'로 바꾸는 가장 강력한 장치 중 하나입니다. 정원이 들어서면 걷는 사람이 늘고, 걸음이 느려집니다. 사람들이 사진을 찍고, 벤치에 앉고, 아이를 데리고 나오고, 반려동물과 산책을 합니다. 이 체류 시간이 늘어나는 순간, 주변의 카페와 식당, 편의점과 소매점의 매출이 변하기 시작합니다. 이것이 정원이 경제가 되는 첫 번째 경로입니다. 후보가 상권 공약을 정원과 연결할 수 있는 이유가 바로 여기에 있습니다.

따라서 후보가 소상공인과 상권 유권자에게 정원 공약을 제시할 때는 '거리를 예쁘게 꾸미겠다'가 아니라, '체류 시간을 늘려 매출이 올라가는 구조를 만들겠다'는 방식으로 설명해야 합니다. 예컨대 테라스 가든을 허용해 점포 앞 공간 활용을 바꾸고, 보행 친화 구간을 단계적으로 늘려 동네가 '머무는 거리'로 작동하게 만들겠다는 구체적인 정책을 제시해야 합니다. 정원은 장사가 되게 만드는 '공간 장치'라는 점이 명확해 질수록 설득력은 높아집니다.

3. 정원은 '부동산 자산'의 방어막으로 작동합니다

아파트 단지와 주택가 유권자에게 정원은 무엇보다 자산 문제입니다. 부동산 시장이 흔들릴수록 "내 집값이 버틸 수 있느냐"가 생활 안정의 핵심 질문이 됩니다. 정원경제학은 정원을 단순히 집 앞 풍경으로 보지 않습니다. 정원은 주거 만족도를 올리고, 거주지의 경쟁력을 높이며, 생활환경의 질을 개선함으로써 장기적으로 자산 가치의 하방을 막는 역할을 합니다. 즉, 정원은 가격을 올리는 장치라기 보다 가격이 쉽게 무너지지 않게 하는 방어막에 가깝습니다. 후보는 이 점을 정직하게 설명해야 합니다. '정원을 만들면 집값이 오릅니다'라는 과장된 표현은 역풍을 부를 수 있습니다. 대신 '부동산이 하락하는 시기에도 가격이 덜 흔들리는 동네의 공통점은 생활환경과 녹지 접근성입니다. 우리 도시는 집 앞 5분 거리의 정원 인프라를 촘촘히 만들어, 여러분의 자산을 방어하겠습니다'라고 말해야 합니다. 여기서 정원은 감성 공약이 아니라 생활경제 공약이 됩니다. 또한 이 영역에서 중요한 것은 '대형 공원 한 곳'이 아니라 '가까운 정원의 촘촘함'입니다. 걸어서 5분, 유모차로 10분, 슬리퍼로 다녀올 수 있는 정원 네트워크가 형성될 때 정원 인프라는 실제 생활자산으로 인식됩니다. 후보가 '슬세권'을 말해야 하는 이유가 여기에 있습니다.

4. 정원은 도시의 '비용'을 줄이는 정책이며, 그 자체로 재정 전략입니다

정원경제학에서 정원은 '돈이 드는 사업'이 아니라 '돈이 새는 구멍을 줄이는 사업'입니다. 정원이 기후와 물, 건강에 미치는 효과는 결국 도시의 예산 지출 항목과 연결됩니다. 예를 들어 도심의 열이 낮아지면, 공공시설의 냉방비가 줄고 폭염 대응 비용이 낮아집니다. 빗물이 정원에서 분산 저장되면, 하수관로 부담이 줄고 침수 대응 및 복구 비용이 감소합니다. 녹지와 그늘이 늘어나면 시민의 스트레스와 건강 문제가 완화되어 의료비 지출 증가 속도가 완만해질 수 있습니다. 즉 정원은 도시의 '운영 비용'을 줄이는 방향으로 작동합니다.

후보가 정원 공약을 진짜 정책으로 만들려면, 이 비용 절감 논리를 반드시 포함해야 합니다. "정원을 만들겠습니다"는 선언이 아니라, "정원 인프라로 폭염·침수·의료비에 들어가는 도시의 비용 구조를 바꾸겠습니다"라는 방식으로 설계해야 합니다. 그리고 이러한 효과는 14장에서 제시한 KPI(열환경, 물순환, 에너지, 매출, 건강)로 측정·보고하겠다고 약속해야 합니다. 숫자로 보고하겠다는 약속이 포함될 때 공약은 허공을 떠돌지 않습니다.

5. 국가정원·지방정원은 '관광 산업'이자 '지역 경제 플랫폼'으로 접근해야 합니다

　후보의 정원 공약이 신뢰를 얻기 위해서는, 제도의 구조와 현재 흐름을 정확히 이해하고 제시해야 합니다. 국가정원과 지방정원은 법 체계 안에서 구분되며, 국가정원은 산림청이 지정·운영 체계를 이끄는 국가급 정원이고, 지방정원은 지방자치단체가 조성·운영하는 정원으로 광역지방자치단체장이 지정합니다. 또한 현재 우리나라에는 국가정원이 2곳있으며(순천만, 태화강), 지방정원은 등록된 곳이 14개이고 추가로 현재 50여군데의 지자체가 조성을 추진하고 있는 흐름으로 알려져 있습니다.

태화강 국가정원

중요한 것은 '정원 간판' 자체가 아니라 그 기능입니다. 국가정원과 지방정원은 결국 관광객의 이동을 만들고, 숙박·외식·체험 소비를 발생시키는 지역 경제 플랫폼이 됩니다. 따라서 후보는 국가정원·지방정원을 '꽃밭을 크게 만들겠다'는 방식으로 접근해서는 안 됩니다. '정원을 기반으로 체류형 관광을 만들고, 지역의 상권과 일자리로 연결되게 하겠다'는 산업 전략으로 제시해야 합니다.

즉, 정원은 관광 정책이면서 동시에 상권 정책이고, 농촌·소멸 위기 지역에서는 체류형 경제를 만들어내는 핵심 도구가 됩니다. 이 관점이 서면 정원은 지역 발전 전략의 중심으로 올라옵니다.

6. 타겟별 공약은 '감성'이 아니라 '경제적 이해관계'에 맞춰 구체화되어야 합니다

정원 공약은 모든 유권자에게 똑같이 먹히지 않습니다. 생활의 이해관계가 다르기 때문입니다. 후보는 각 집단이 무엇을 가장 중요하게 생각하는지, 그리고 정원이 그 문제를 어떻게 해결하는지 연결해야 합니다.

아파트 유권자에게는 자산 방어와 주거 만족, 단지 주변의 품격이 핵심입니다. 소상공인에게는 체류 증가와 매출 상승이 핵심입니다. 학부모에게는 통학 안전과 미세먼지, 아이 건강이 핵심입니다. 식물 애호가에게는 가까운 정원 인프라와 생활밀착 서비스가

핵심입니다. 시니어에게는 정원관리사가 제2의 인생, 일자리를 제
공이 핵심입니다.

각 집단이 이해할 수 있는 언어로, '그래서 내 생활비가 어떻게
바뀌는가'를 설명할 때 정원 공약은 힘을 갖습니다. 정원경제학은
바로 그 연결의 기술을 말합니다.

제17장
골든타임 100일 로드맵

관료 조직의 관성(Inertia)을 뚫고, 변화의 깃발을 꽂아라

정원으로 체급을 올린 리더들, '정원은 정치의 언어가 된다'

정원정책은 '가시성-데이터-제도-확장'으로 완성된다

골든타임 100일 로드맵, '보여주고, 증명하고, 못을 박아라'

100일 동안 시장님이 있어야 할 곳, 시장실이 아니라 '현장'입니다

제17장
골든타임 100일 로드맵

존경하는 당선인님! 당선을 진심으로 축하드립니다. 다만 축배를 드는 시간은 오늘로 끝내셔야 합니다. 내일부터 시장님을 맞이하는 것은 시민의 환호만이 아닙니다. 수천 명 공무원 조직의 '거대한 관성'이 기다리고 있습니다. 그리고 그 관성은 늘 똑같은 세 문장으로 시작됩니다.

"법적으로 어렵습니다."
"예산이 없습니다."
"전례가 없습니다."

초선 단체장이 흔히 실패하는 이유는 능력이 부족해서가 아닙니다. 이미 잘 짜인 행정 시스템 속으로 녹아 들어가 '원래 하던 대로' 돌아가게 되기 때문입니다. 취임 초기에는 모두가 친절합니다. 허니문 기간이라 하죠? 그러나 시간이 지나면 조직은 확신합니다. '이번 시장도 적당히 하다 가겠지.' 그 순간부터 공약은 서류 속 문장으로만 남고, 시장님은 하루가 멀다 하고 '보고를 받는 사람'으로 변합니다.

이 벽을 뚫을 수 있는 유일한 시간은 취임 후 초기 100일, 이른바 허니문 기간뿐입니다. 이때 확실한 변화의 신호를 주지 못하면, 정원도시는 임기 내내 표류합니다. 반대로, 100일 안에 '보여주고, 증명하고, 제도화'에 성공하면 행정의 방향이 바뀌고, 시민의 지지로 정책 추진력이 폭발하기 시작합니다.

그리고 여기서 정원정책은 가장 강력합니다. 왜냐하면 정원은 단지 예쁜 사업이 아니라, 정치·행정·경제 성과가 동시에 가장 빠르게 나타나는 정책이기 때문입니다. 체류가 늘고, 소비가 늘고, 민원이 줄고, 시민들의 사진이 스스로 홍보하고, 여론이 반응합니다. 대형 SOC가 4년을 요구할 때, 정원은 4주 안에 시민에게 '바뀌었다'는 체감을 줍니다. 초선에게 필요한 것은 거창한 담론이 아니라, 가시적 성과의 속도입니다.

이제부터는 '정원정책으로 체급을 올린 리더들'의 사례를 먼저 살펴보겠습니다. 그 다음, 시장님이 그 반열에 오르기 위한 100일 로드맵을 '과학적으로' 제시하겠습니다. 여기서 과학이란 감이 아니라, 리듬·지표·결재·조직·예산으로 움직이는 방식입니다.

1. 정원으로 체급을 올린 리더들, '정원은 정치의 언어가 된다'

정원정책이 단지 환경정책이 아니라 '정치 리더십의 자산'이 될 수 있음을 보여주는 사례들이 있습니다. 이들이 공통으로 증명한 것은 한 가지입니다. 정원은 '꽃밭'이 아니라 도시경제의 플랫폼이라는 점입니다.

1) 오세훈 서울시장,
'정원도시 서울'로 도시 브랜드를 재정의하다

오세훈 시장이 정원을 다룬 방식은 '녹지 확대'가 아니라 '도시 전략'에 가깝습니다. 서울시는 2026년까지 서울 곳곳에 1,007개소 정원을 조성하는 프로젝트를 내걸고, 정원을 생활권의 기본 인프라로 올려놓았습니다. 이는 행정 문서의 계획이 아니라, 시민의 일상 동선 속에 정원을 박아 넣는 작업입니다.

오세훈 시장의 정원정책은 서울의 새로운 정체성을 입혔다

이 흐름은 더 큰 판으로도 확장됩니다. 2024년 뚝섬, 2025년 보라매공원에서 서울국제정원박람회를 개최, 각 1000만명이 넘는 시민들이 참여했다는 사실은 고무적입니다. 그리고 2026년 서울국제정원박람회는 서울숲을 중심으로 성수동까지 확장되는 방식으로 준비가 진행되고 있으며, 규모와 기간 또한 역대급으로 설계되고 있습니다. 도시 공간을 '정원축제-관광-콘텐츠'로 엮는 순간 정원은 문화정책이자 경제정책이 됩니다. 오세훈시장 사례의 핵심은 분명합니다. 정원을 '공원 사업'으로 말하지 않고, 도시의 이미지·관광·생활권 체감·정책 브랜드로 끌어올렸다는 점입니다. 정원을 도시 스케일로 올리면 리더십의 스케일도 함께 올라갑니다.

2) 정원오 성동구청장,
서울숲을 '도시경제 축'으로 확장해 정치적 자산으로 만들다

서울숲은 이미 존재하는 도시 자산이었습니다. 그러나 그 자산을 '공원 옆 동네'로 두지 않고, 보행·상권·재생·콘텐츠로 연결해 도시경제의 축으로 확장하는 것은 정책의 설계 능력입니다. 2026년 정원박람회가 서울숲-성수 축으로 확장되는 구상은 이 연결 논리를 더욱 강화합니다.

흥미로운 점은, 이런 '정원·도시공간·생활정책'의 축적이 정치 지형에서도 거론되기 시작했다는 것입니다. 최근 일부 여론조사 보도에서는 서울시장 선거 구도에서 정원오 구청장과 오세훈 시장 간 양자 대결 결과가 박빙이거나, 조사에 따라 정원오 구청장이 우세하게 나온 사례가 보도되었습니다.

정원정책은 결국 '누가 꽃을 심었나'가 아니라, 그 도시 자산을 어떻게 경제 구조로 번역했는가가 리더의 체급을 바꾼다는 사실을 보여줍니다.

정원오 성동구청장은 성수동을 문화켄텐츠로 서울숲과 연결했다

3) 오승록 노원구청장,
숲·정원·콘텐츠를 결합해 '체류형 힐링타운 도시'를 만들다

노원은 전통적으로 '베드타운' 이미지가 강했습니다. 그러나 노원은 불암산, 수락산, 초안산 힐링타운과 영축산 무장애 산책로, 화랑대 철도공원 등은 물론 정원센타 등을 통한 정원문화 확산을 주도했습니다. 최근 노원불빛정원 야간 콘텐츠와 공간 자산이 '로컬100'에 선정되는 등, 공간과 콘텐츠를 동시에 브랜드화 하는 흐름을 만들었습니다.

오승록 노원구청장은 정원을 주제로 하여 내리 2선에 성공하고 수락휴로 마무리하며 도심의 시민정원을 정립하였다

또한 수락산 자락의 자연휴양림 '수락휴'는 개장 이후 객실 가동률 100% 완판 행진을 이어가고 있다는 보도가 있습니다.

숲을 단지 산책의 배경이 아니라, 체류(숙박)·소비·관광으로 전환시키면 정원정책은 경제가 됩니다. 오승록 구청장의 사례의 핵심은 '숲을 만들었다'가 아니라, 숲을 체류와 콘텐츠의 시스템으로 운영해 지역의 이미지를 바꾸고 경제 흐름을 만든 점입니다.

4) 박우량 전 신안군수,
'1섬 1정원'으로 소멸 위기 지역을 '꽃의 경제'로 바꾸다

신안의 '1섬 1정원' 전략은 정원이 왜 소멸 위기 지역에서 강력한 지 보여주는 사례입니다. 섬과 꽃축제를 결합해 사계절 방문 동기를 만들고, 체류와 소비를 설계하는 방식입니다. 신안군은 1004섬 정원 관리 체계를 점검하는 협력회의를 열고 축제 운영계획을 논의하는 등, 정원을 "행사"가 아니라 지역 운영 시스템으로 끌고 가는 모습이 보도되었습니다.

물론 큰 사업에는 늘 비판도 존재합니다. 예산 효율성과 관리 문제를 지적하는 기사들도 있습니다. 그럼에도 정원정책이 지역 브랜드를 만들고 관광·소비를 일으켜 지역경제를 움직이는 강한 도구라는 사실은, 신안

박우량 전 신안군수는, 1004의 섬을 표방하고 여성들이 편안하게 여행할 수 있는 도시를 꿈꾸며 1섬 1정원의 주제로 신안을 알리는데 앞장섰다

사례가 분명히 보여줍니다. 중요한 것은 '정원을 만들었느냐'가 아니라, 정원이 지역의 돈이 도는 구조를 만들었느냐입니다.

2. 네 명의 공통점,
   정원정책은 '가시성-데이터-제도-확장'으로 완성된다

이 네 리더는 서로 배경도 다르고 지역도 다르지만 공통점이 있습니다. 첫째, 정원을 '감성 사업'이 아니라 경제의 언어로 말했습니다. 체류시간, 매출, 관광객, 콘텐츠, 자산 가치, 도시 비용 절감 같은 언어로 정원을 설명했습니다. 둘째, 정원은 단독 사업이 아니라 패키지였습니다. 보행동선-상권-콘텐츠-안전-관광-운영까지 하나로 묶었습니다. 셋째, 가장 중요하게는 초기에 강하게 밀어붙였습니다. 정원은 '계획'이 아니라 '장면'으로 설득됩니다. 초기에 장면을 만들면 시민이 움직이고, 시민이 움직이면 조직이 움직입니다. 정원은 이 선순환을 가장 빠르게 만드는 정책입니다.

이제 시장님이 해야 할 일은 '정원도시를 하겠다'가 아니라, 정원도시가 굴러가게 만드는 100일의 리듬을 설계하는 것입니다.

3. 골든타임 100일 로드맵, '보여주고, 증명하고, 못을 박아라'

1) D+1 ~ D+30 : 조직을 장악하라
첫 달은 사업이 아니라 메시지입니다. 말로만 '정원도시'를 외치지 마시고, 인사와 결재로 보여주십시오. 가장 먼저 해야 할 일은 시장 직속의 정원경제 TF를 만드는 것입니다. TF는 녹지 부서만의 조직이 아닙니다. 도로 · 토목 · 하수 · 건축 · 관광 · 보건 · 재정이 한 테이블에 앉아야 합니다. 정원은 문화처럼 보이지만 기능은 전 부서가 겹쳐 있습니다. 그러니 과 단위 협업으로는 움직이지 않

습니다. 시장 직속 체계로, '이건 시장이 직접 챙긴다'는 신호를
조직 전체에 보내야 합니다. 그리고 취임 후 첫 결재, 즉 결재 1호
를 정원경제로 찍으십시오. 통상 업무보고가 아니라 '정원경제
100일 실행명령서'에 서명하십시오. 그 문서에는 반드시 네 가지
가 들어가야 합니다.

① 앵커(Anchor, 삐끼정원) 1곳 : 전 시민이 보는 상징 공간 1곳
② 생활권 10곳 : 동네 체감 정원 10곳(작아도 좋습니다)
③ 민간 인센티브 1세트 : 옥상·수직정원 인센티브 패키지
④ KPI 5개 : 체류시간·상권매출·열환경(온도)·민원·미디어지표

이 네 줄이 들어가는 순간, 정원정책은 취미가 아니라 행정 과업
이 됩니다.

2) D+31 ~ D+60 : '앵커사업(미끼)'으로 시각화 하라

두 번째 달은 '보여주기'입니다. 거창한 마스터플랜 용역은 1년
이 걸립니다. 시민은 1년을 기다려주지 않습니다. 당장 눈에 보이
는 변화가 필요합니다. 여기서 중요한 것은 '공사'가 아니라 '연
출'입니다. 전술적 어바니즘(Tactical Urbanism 작고 빠르게 저
비용으로 도시를 시범적으로 빠르게 바꿔보는 것) 방식으로, 2주
안에 이벤트를 만드십시오. 이동식 플랜터와 팝업 정원, 임시 벤치
와 그늘, 야간 조명(라이트 가든), 작은 공연/버스킹, 러닝·요가·
맨발걷기 프로그램 등 정원은 식재가 아니라 체류를 만드는 운영
입니다. 이 장면이 만들어지면 시민이 사진을 찍고 공유합니다.

'시장님이 진짜 하는구나'가 퍼지기 시작하면, 공무원들은 태도를 바꿉니다. 이때부터 행정의 관성은 '방어'에서 '합류'로 바뀝니다. 두 번째 달에는 반드시 '상권 실험'도 함께 붙이십시오. 정원거리에서 테라스 가든을 허용하고, 10개 점포만 선정해 외부 좌석·화분·가로환경을 지원해 매출 변화를 측정하십시오. 이 데이터는 다음 달 '제도화'의 근거가 됩니다. 정원경제학은 이 지점에서 힘을 얻습니다. 예쁘다고 설득하지 말고, 매출과 체류시간으로 설득해야 합니다. 또 하나, 하천은 반드시 끼우십시오. 하천은 정원경제의 가장 강력한 플랫폼입니다. 특히, 땅을 확보하는 비용이나 시간을 필요로 하지 않습니다. 기존의 하천 산책로를 운동과 연결하고, 종자를 뿌리거나 효과빠른 꽃심기로 분위기를 조성하고, 주말 마켓과 작은 축제를 붙이면 하천은 단순 산책길을 넘어 '도시의 소비 동선'이 됩니다. 정원은 이 동선을 만들 때 비로소 경제가 됩니다.

3) D+61 ~ D+100 : 조례·예산·인센티브로 '못'을 박아라

세 번째 달은 시스템입니다. 100일 동안 만든 추진력을 4년 내내 지속 가능한 구조로 굳혀야 합니다. 사람이 바뀌어도 흔들리지 않게 법과 돈으로 못을 박아야 합니다.

첫째, 정원경제 활성화 조례를 제정하거나 개정하십시오. 정원문화 조성' 수준이 아니라, 정원경제 활성화 조례로 가야 합니다. 여기에는 다음 항목이 반드시 들어가야 합니다. 통합 발주(도로·하수·녹지를 묶는 발주 구조), 책임 시공(유지관리까지 포함), KPI 의무 보고(성과를 숫자로 제출), 민간 인센티브 근거(옥상·수직정원)를 제시해야 합니다.

둘째, 옥상·수직정원 인센티브를 "강력하게" 실행하십시오. 여기서 '강력'이란 캠페인이 아니라 규칙입니다. 민간이 움직여야 정원도시는 점이 아니라 면으로 확장됩니다. 인허가 과정에서 옥상 저류형 정원, 벽면 수직정원 도입 시 가점 또는 패스트트랙, 공공 건물은 의무화에 준하는 선도 도입(시청·보건소·체육시설부터), '정원경제 인증건물' 지정으로 상권, 관광 지도에 등재(브랜딩 인센티브) 등을 추진 눈에 보이게 해야합니다.

셋째, 예산을 잡으십시오. 예산 없는 정책은 허구입니다. 100일 즈음이면 내년도 본예산 편성이 시작됩니다. 두 번째 달 앵커 사업에서 나온 체류·매출·민원 데이터를 근거로, 본 사업 설계비와 핵심 부지 확보 비용을 최우선으로 배정하십시오. 정원도시는 여기서 '사업'이 아니라 '도시의 우선순위'가 됩니다.

4. 100일 동안 시장님이 있어야 할 곳,
시장실이 아니라 '현장'입니다

이 100일 동안 시장님은 어디에 계셔야 할까요? 시장실이 아닙니다. 앵커 사업이 진행되는 현장의 흙바닥 위입니다.

주민설명회를 강당에서 하지 마십시오. 팝업 정원이 조성된 현장에서, 지나가는 시민과 벤치에 앉아 '타운홀 미팅'을 하십시오. 식물 집사에게는 '어떤 꽃을 심고 싶으십니까'를 물으십시오. 상인에게는 '가게 앞 화분과 테라스를 지원하겠다'는 약속을 하십시오. 현장에서 시민과 찍은 사진 한 장이 수백 페이지 보고서보다 공무원 조직을 더 강하게 움직입니다.

정원은 시간이 흐를수록 더 아름다워지고
더 큰 가치를 만들어낼 수 있는
유일한 도시 인프라입니다.

하지만 그 '상승 곡선'은
자동으로 오르지 않습니다.

정원을 지탱하는 것은 식물이 아니라
관리 체계,
다시 말해 시스템입니다.

제18장
리스크 매니지먼트:
지속 가능성의 조건

조성하는 것은 '기술' 이지만, 유지하는 것은 '시스템' 이다

준공식의 함정 : '테이프 커팅은 끝이 아니라 시작이다'

10%의 법칙 : 유지관리 기금을 '제도화' 하라

운영 시스템 구축 : 정원은 '시설' 이 아니라 '운영되는 플랫폼' 이다

시민 참여 : '내 손으로 심은 꽃은 꺾지 않는다'

위기 대응과 투명성 : 정원은 실패를 숨기면 무너지고, 인정하면 성장한다

정치적 유산 : 시간이 지날수록 커지는 이름을 남겨라

제18장
리스크 매니지먼트:
지속 가능성의 조건

　정원정책은 '완성'이 아니라 '유지'에서 평가받습니다. 정원을 만들 때는 누구나 박수를 받습니다. 예산이 집행되고 공사가 진행되며, 준공식 날에는 언론도 오고 시민도 모입니다. 그러나 정원경제학의 관점에서 진짜 승부는 그 다음날부터 시작됩니다. 정원은 시간이 흐를수록 더 아름다워지고 더 큰 가치를 만들어낼 수 있는 유일한 도시 인프라입니다. 하지만 그 '상승 곡선'은 자동으로 오르지 않습니다. 정원을 지탱하는 것은 식물이 아니라 관리 체계, 다시 말해 시스템입니다.

　이 장은 단순한 관리 기술을 말하는 것이 아닙니다. 정원정책이 '세금 낭비'라는 프레임에 갇히지 않게 하는 정치적 안전장치, 다음 시장이 와도 갈아엎지 못하게 만드는 제도적 방파제, 그리고 시간이 갈수록 시민이 더 사랑하게 만드는 사회적 기반을 정리한 장입니다. 정원을 지키는 일은 곧 정원의 가치가 커지는 시간을 보장하는 일이고, 그것은 곧 리더의 성과를 지키는 일입니다.

1. 준공식의 함정 : '테이프 커팅은 끝이 아니라 시작이다'

존경하는 시장님, 많은 정치인이 준공식을 성공이라고 착각합니다. 리본을 자르고, 꽃다발을 받고, '우리 시가 달라졌습니다' 라는 멘트가 뉴스에 나가면, 그날이 결승선처럼 보입니다. 그러나 정원정책에서 준공식은 오히려 가장 위험한 순간입니다. 왜냐하면 그때부터 정원이 '행정의 관심'에서 '행정의 방치'로 넘어가기 쉬운 시점이기 때문입니다.

건물은 준공된 날이 가장 새것이고, 이후 시간이 갈수록 낡아가며 감가상각 됩니다. 하지만 정원은 반대입니다. 정원은 준공된 날이 가장 볼품없습니다. 나무는 아직 잔가지가 가늘고, 땅은 덜 안정되어 있으며, 식물은 뿌리 내리기 전입니다. 정원이 '정원다운 모습'이 되는 데는 시간이 필요합니다. 즉, 정원은 시간이 흐를수록 가치가 올라가는 인프라입니다. 문제는 바로 그 상승의 시간을 정책이 견딜 수 있느냐 입니다.

준공식 다음날부터 관리가 느슨해지고 예산이 끊기면, 정원은 1년 안에 티가 나고 3년 뒤에는 명확히 무너집니다. 잡초가 무성해지고, 병해가 번지고, 관수 체계가 흔들리면 시민의 평가는 단숨에 바뀝니다. '아름답다'"가 아니라 '또 보여주기 행정'이 됩니다. 그리고 이 프레임은 무섭습니다. 후임 시장이 '전임자의 실패작'이라고 규정하며 갈아엎는 순간, 정원정책은 단지 실패가 아니라 정치적 리스크가 됩니다. 정원정책의 가장 큰 위험은 조성이 아니라 준공 이후 '시간을 지켜내는 능력'입니다.

2. 10%의 법칙 : 유지관리 기금을 '제도화'하라

정원을 살려내는 가장 확실한 방법은 '관리하겠다'는 의지가 아니라 '관리할 수밖에 없게 만드는 제도'입니다. 정원은 의지로 유지되지 않습니다. 시스템으로 유지됩니다. 그래서 정원 조성 예산을 편성할 때, 반드시 조성비의 10~20%를 유지관리 기금으로 별도 확보하도록 조례에 못 박아야 합니다. 어떤 시장이 오더라도, 어떤 예산 압박이 오더라도, 관리 재원이 끊기지 않게 만드는 구조적 장치입니다. 여기서 핵심은 명확합니다. 유지관리비를 '추가 비용'으로 보는 순간 정원정책은 항상 공격당합니다. 반대로 유지관리비를 '최초 설계의 일부'로 구조화 하면 정원은 인프라가 됩니다. 예산실과 의회에 설득할 때는 논리가 단순해야 합니다. '100억짜리 건물을 지으면 매년 청소비와 수선비가 듭니다. 하물며 살아있는 생명체인 정원은 어떻겠습니까?'

정원은 생육이 있기 때문에 '초기 3년'에 비용이 집중됩니다. 이 시기를 지나면 유지 관리 난이도는 오히려 내려갑니다. 즉, 초기 3년은 비용이 아니라 인큐베이팅 투자입니다. 이 투자로 뿌리가 활착하고 토양이 안정되면 이후 관리비는 줄어듭니다. 반대로 초기 관리를 놓치면 고사목 교체, 토양 재정비, 전면 재식재로 더 큰 돈이 듭니다. "호미로 막을 것을 가래로 막는다'는 말이 정원행정에서는 그대로 예산의 철칙이 됩니다.

정원경제학에서 유지관리 기금은 '관리비'가 아니라, 정원의 가치 상승을 보장하는 원금 보호 장치입니다. 시민이 체류하고 소비하고 건강해지는 시간은 관리가 유지될 때만 발생합니다.

3. 운영 시스템 구축 : 정원은 '시설'이 아니라 '운영되는 플랫폼'이다

정원이 준공되면 행정의 질문이 바뀌어야 합니다. '얼마나 잘 지었나?'에서 '어떻게 운영할 것인가?'로 바뀌어야 합니다. 정원은 도로처럼 한 번 깔고 끝나는 시설이 아닙니다. 정원은 운영을 통해 가치가 커지는 플랫폼입니다.

운영 체계는 세 층으로 설계해야 합니다.

첫째, 전문 관리 체계입니다. 정원 관리는 단순 제초가 아닙니다. 관수, 토양, 병해충, 생육, 수형, 계절별 식재 전환까지 '생물 시스템' 전체를 다루는 일입니다. 특히 초기 3년은 식재 실패의 대부분이 발생하는 시기이기 때문에, 이 시기에 전문성 없는 관리가 들어오면 정원은 비용 폭탄이 됩니다. 최소한 전문가의 주기적 점검(월 단위)과 현장 관리자의 상시 운영을 분리해 설계해야 합니다.

둘째, 데이터 기반 관리 체계입니다. 정원이 경제로 인정받으려면, 관리도 감이 아니라 숫자로 돌아가야 합니다. 관수량, 생육 상태, 고사율, 민원 발생, 시설 파손, 방문객 체류시간, 주변 상권 매출 변화 같은 데이터를 최소 단위로 축적해야 합니다. 이 데이터는 관리 품질을 올리는 도구이기도 하지만, 더 중요한 역할이 있습니다. 의회와 예산실을 설득하는 '증거'가 됩니다. 정원은 예쁘다고 말해서 예산을 받는 사업이 아니라, 효율과 ROI로 설명해야 하는 인프라입니다. 관리는 그 ROI를 만들어내는 과정입니다.

셋째, 민관 협력 구조입니다. 정원은 행정이 혼자 끌고 갈수록 무너집니다. 지역 상인회, 시민 정원사, 전문가 그룹, 기업 후원, 학교와의 교육 프로그램이 연결될수록 정원은 '도시의 생태계'가 됨니다. 이 생태계가 만들어지면, 정원은 예산이 조금 줄어도 쉽게 무너지지 않습니다. 왜냐하면 정원을 '내 일'로 보는 사람이 늘어나기 때문입니다. 정원은 지어놓는 시설이 아니라, 계속 돌아가야 하는 도시 엔진입니다.

4. 시민 참여 : '내 손으로 심은 꽃은 꺾지 않는다'

돈보다 강한 안전장치가 하나 있습니다. 시민의 애정입니다. 관이 만들어 놓고 시민에게 '구경만 하세요'라고 하면 시민은 관람객이 됩니다. 관람객은 평가자입니다. 꽃이 시들면 민원을 넣고, 벤치가 더러우면 욕을 합니다. 반대로 시민이 '정원사'로 참여하는 순간 태도가 바뀝니다. 참여자는 보호자가 됩니다. 가장 효과적인 방법은 단순합니다. 준공식의 중심을 리본 커팅이 아니라 시민 참여 식재 행사로 바꾸십시오. 100가족, 300명의 시민이 한 포기씩이라도 직접 심게 하십시오. 그리고 그 식물이나 정원에 이름표를 달아주십시오. '내 나무'라는 표식은 정원을 공공재에서 개인의 기억으로 바꿉니다. 그 순간 정원은 훼손되지 않습니다. 오히려 시민이 먼저 잡초를 뽑고 쓰레기를 줍습니다. 후임 시장이 와서 갈아엎으려 하면, 시민이 먼저 나서서 막습니다. 정원정책이 정권과 임기를 넘어 살아남는 가장 확실한 방법은 '시민의 손때'입니다. 시민 참여는 이벤트가 아니라, 정원정책의 정치적 보험입니다.

5. 위기 대응과 투명성 :
정원은 실패를 숨기면 무너지고, 인정하면 성장한다

정원은 생명체이기 때문에 변수도 많습니다. 폭염, 폭우, 병해충,

토양 문제는 언제든 발생합니다. 따라서 정원정책의 리스크 관리에서 가장 중요한 것은 '완벽한 무사고'가 아니라 실패를 다루는 방식입니다.

정원에서 사고가 났을 때 가장 치명적인 선택은 침묵입니다. 고사목이 늘어나는데도 설명이 없고, 관수장치가 안 돌아가는데도 '문제 없다'고 말하면 시민은 즉시 불신합니다. 반대로 실패의 원인을 공개하고, 대체 식재 계획과 개선안을 발표하면 시민은 이해합니다. 정원은 완성품이 아니라 성장하는 작품이기 때문입니다. 정원정책에서 투명성은 단지 도덕이 아니라 리스크 관리 기술입니다. 실패를 빨리 인정할수록 비용이 줄고, 신뢰가 남습니다.

6. 정치적 유산 : 시간이 지날수록 커지는 이름을 남겨라

시장님, 임기가 끝나고 10년 뒤 시민은 시장님을 무엇으로 기억할까요? 아스팔트 도로는 다시 포장됩니다. 복지회관은 더 큰 건물이 지어지면 잊힙니다. 하지만 숲과 정원은 다릅니다. 10년 뒤 더 울창해지고, 더 시원한 그늘을 만들고, 더 많은 사람을 품습니다.

정원은 시간이 리더의 업적을 증폭시키는 유일한 정책입니다. 처음에는 작아 보이지만, 시간이 지나면 도시의 풍경이 되고, 시민의 기억이 됩니다. 시민이 '이 정원을 만든 게 그 시장이었지'라고 말하는 순간, 정원은 단지 정책이 아니라 유산이 됩니다. 정원정책의 성공은 '준공'이 아니라 '10년 뒤의 지속가능'에서 판정됩니다.

위대한 유산(Great Legacy)

정치인과 행정가의 임기는 유한하지만, 도시는 영원히 남습니다. 도시를 경영하는 모든 리더는 임기의 끝자락에서 마음속 깊은 곳에 피할 수 없는 질문 하나와 마주하게 됩니다.

"나는 시민들에게 어떤 리더로 기억될 것인가?
그리고 내가 떠난 뒤, 이 도시에 무엇이 남을 것인가?"

과거의 수많은 리더들은 거대한 콘크리트 건축물이나 시원하게 뚫린 아스팔트 도로에서 그 증거를 찾으려 했습니다. 수백억 원이 투입된 웅장한 체육관이나 번듯한 복합문화센터 앞에서 화려한 준공식 테이프를 끊는 순간, 언론의 카메라 플래시가 터지고 사람들은 환호합니다. 그 찰나의 순간, 그것은 영원히 빛날 불멸의 업적처럼 보입니다. 하지만 콘크리트의 시간은 잔인합니다. 지어진 건물은 그 순간부터 낡아갑니다. 벽에는 금이 가고, 도로의 아스팔트는 패이며, 새로운 시장이 취임하고 세월이 흐를 즈음이면 매년 눈덩이처럼 불어나는 유지보수 예산을 집어삼키는 애물단지로 전락하고 맙니다. 철근과 콘크리트로 지어진 것들은 결국 후대에게 막대한 철거 비용을 청구하는 무거운 짐이 됩니다.

그러나 당신이 결단하여 조성한 공원은, 정원은 다릅니다. 정원은 준공된 바로 그날이 가장 볼품없고 초라한 공간입니다. 새로 심은 나무의 잔가지는 가늘고, 꽃은 아직 만개하지 않았으며, 땅은 제자리를 찾지 못한 듯 어색해 보일 수 있습니다. 행정의 눈으로 보면 당장의 웅장한 성과를 과시하기에 가장 불리해 보일지도 모릅니다. 하지만 1년이 지나고, 5년이 지나고, 10년이 흐르면 어떻게 됩니까? 리더가 시장실을 떠나고 정치적 권력이 여러 번 바뀌어도, 그곳에 심어진 나무는 묵묵히 매년 더 깊숙이 땅에 뿌리를 내립니다. 줄기는 두꺼워지고 잎사귀는 더 넓은 그늘을 만들어 냅니다. 기록적인 폭염에 지친 시민들은 그 숲길을 걸으며 땀을 식히고, 위기에 처했던 골목 상권의 소상공인들은 주말마다 정원으로 쏟아져 나온 사람들 덕분에 다시 웃음을 되찾습니다. 우울함과 고독감에 빠져 있던 어르신들은 마을 정원을 가꾸며 삶의 의미를 회복합니다.

시간이 리더의 업적을 앗아가고 낡게 만드는 것이 아니라, 도리어 끝없이 증폭시켜 주고 완성해 주는 유일한 인프라. 그것이 바로 정원입니다. 10년 뒤, 20년 뒤 그 시원한 그늘 아래를 걷는 시민들이 무심코 '이 아름다운 숲은 대체 언제, 누가 처음 결단하고 만들어낸 거지?' 라고 물을 때, 비로소 당신의 정책은 차가운 비석의 낡은 글귀가 아니라 살아 숨 쉬는 생명으로, 영원한 '위대한 유산(Great Legacy)' 으로 시민의 기억 속에 부활하게 될 것입니다.

그러나 이 위대한 유산은 결코 낭만적인 의지만으로 지켜지지 않습니다. 이 책의 마지막 여정을 통해 우리는 뼈아픈 진실 하나를 마주했습니다. 정원을 '조성하는 것' 은 돈과 기술로 가능하지만, 정원을 '지키는 것' 은 완벽히 다른 차원의 시스템과 리더십의 영역이라는 사실입니다. 화려한 준공식의 축포가 끝난 다음 날부터 정원은 거대한 위협에 직면합니다. 행정의 무관심, 의회의 예산 삭감, 그리고 담당 공무원의 잦은 인사 이동입니다. 초기 3년의 인큐베이팅 시간을 묵묵히 버텨내지 못하면, 정원은 순식간에 잡초가 무성한 흉물로 변해 후임자의 손에 의해 차갑게 엎어질 것입니다. 그래서 리더는 결단해야 합니다. 예산의 10%를 반드시 유지관리 기금으로 떼어두는 조례의 대못을 박으십시오. 조경을 넘어 토목과 하수와 경제를 하나로 묶어내는 '정원도시 컨트롤타워'를 구축하십시오. 빗물만으로 스스로 생존하는 오아시스 시스템 같은 보이지 않는 우수한 이론과 공학에 기꺼이 예산을 투입하고, 기후와 생리를 읽어내어 체류 시간과 상권 매출을 수치화하는 '데이터 행정'으로 의회를 설득하십시오. 이 단단한 이론과 공학, 제도의 뼈대 없이는 정원의 낭만은 결코 지속될 수 없습니다.

무엇보다 정원을 영속하게 만드는 가장 강력한 방어벽은 바로 '시민의 참여'입니다. 관(官)이 모든 것을 쥐고 흔들려는 오만함을 과감히 내려놓으십시오. 정원의 관리 권한을 교육받은 시민 정원사에게, 동네 상인회에게, 지역의 기업과 학교에 내어주십시오. 수백 명의 시민이 직접 흙을 만지며 묘목을 심게 하고, 그 나무에 아이의 이름표를 달아주십시오. '내 손으로 심은 꽃은 꺾지 않는다'는 평범한 진리처럼, 정원이 시민의 품에 안겨 나의 공간이 되는 순간 그 정원은 어떤 외풍에도 훼손되지 않는 철옹성이 됩니다. 훗날 누군가 정치적 이유로, 혹은 예산을 핑계로 그 정원을 파괴하려 할 때 그것을 온몸으로 막아내는 것은 다름 아닌 그 동네의 시민들일 것입니다.

지방 소멸의 시대, 우리가 진정 두려워해야 할 것은 단순한 인구 감소가 아닙니다. 바로 '자부심의 상실'입니다. 걸어서 5분 거리에 숲과 정원이 있고, 그곳에서 이웃과 웃음을 나누며, 외부인들이 우리 동네를 찾아와 감탄할 때 시민들은 스스로 고개를 들고 당당히 말하게 됩니다. '나는 품격 있는 이 도시에 삽니다.' 그 무형의 자부심을 심어주는 일, 메말라가는 지방과 도시의 골목마다 경제의 숨결을 다시 불어넣는 일. 이것은 단순한 행정이 아니라 한 도시의 영혼을 구원하고 100년의 미래를 담보하는 거룩한 작업입니다.

　존경하는 시장님, 군수님, 그리고 도시를 경영하는 모든 리더 여러분! 당신이 오늘 아스팔트를 걷어내고 심은 한 그루의 나무는, 단순히 예쁜 꽃을 피우는 데 그치지 않을 것입니다. 그것은 일자리를 만들고, 상권을 살리고, 시민의 집값을 방어하며, 도시의 재정을 구원하는 가장 강력한 경제적 엔진이자 든든한 방패가 될 것입니다. 정치는 임기와 함께 허무하게 끝나지만, 정원은 해마다 더 깊어지고 짙어집니다. 정원을 단순히 조성하지 마십시오. 대신, 그 정원이 100년 동안 살아남아 도시를 먹여 살릴 시스템을 만드십시오. 시설을 잘 지은 리더는 임기 동안 박수를 받지만, 끝내 정원부지를 찾아내고 조성해 잘 지켜낸 리더는 시대를 넘어 존경받습니다.

　당신의 용기 있는 결단이 이 도시에 남길 가장 눈부시고 영속적인 발자취, '위대한 유산(Great Legacy)' 그 정원 경제의 기적이 이제 막 당신의 손끝에서 찬란하게 시작되기를 진심으로 응원합니다.

참고문헌

●저자 연구
• 박공영 (2012)수직정원 조성에 따른 식물 생육특성 및 환경적 효과
  경희대학교 대학원 생태시스템공학과 박사학위논문

●국내 문헌
• 문윤석, 이정아, 전진형, 박호정 (2009)도시 녹지경관의 경제적 가치평가
  – 독립공원을 중심으로 한국조경학회지, 37(2), 70–77.

• 박인권, 이민주 (2014)도시농업이 주택가격에 미치는 효과 분석 :
  서울시 강동구 '친환경 도시텃밭' 조성 사례. 국토연구

• 산림청 (2021)제2차 정원진흥기본계획(2021~2025)

• 산림청 (2025)정원 조성운영현황, 산림청 공식 누리집

• 엄영숙, 최성록, 김승규, 김진옥
  (2019)공원일몰제 시행과 도시녹지 서비스에 대한 서울시민들의 선호측정 :
  아파트 실거래 기반 헤도닉가격접근법을 적용하여 자원·환경경제연구, 28(1) 61–93.

• 최성록, 엄영숙
  (2018)선택실험을 이용한 서울 도시녹지 어메니티의 경제가치 평가, 자원·환경경제연구, 27(1) 105–138.

• 한국문화관광연구원 (2022)2022년 국민여행조사. 한국관광 데이터랩 게시

●해외 문헌
• Aram, F., Garcia, E. H., Solgi, E., & Mansournia, S.
  (2019). Urban green space cooling effect in cities. Heliyon, 5(4), e01339.

• Cristiano, E., Farris, S., Deidda, R., & Viola, F.
  (2023). How much green roofs and rainwater harvesting systems can contribute to
  urban flood mitigation? Urban Water Journal, 20(2), 140–157.

• Green, D., O'Donnell, E., Johnson, M., et al. (2021). Green infrastructure :
  The future of urban flood risk management? WIREs Water, 8(6), e1560.

• Jia, S., Weng, Q., Yoo, C., Xiao, H., & Zhong, Q. (2024). Building energy savings
  by green roofs and cool roofs in current and future climates. npj Urban Sustainability.

• Kumar, S., Guntu, R. K., Agarwal, A., Villuri, V. G. K., et al. (2022). Multi-objective optimization for stormwater management by green-roofs and infiltration trenches to reduce urban flooding in central Delhi. Journal of Hydrology, 606, 127455.

• Li, D., Bou-Zeid, E., & Oppenheimer, M. (2014). The effectiveness of cool and green roofs as urban heat island mitigation strategies. Environmental Research Letters, 9(5), 055002.

• Li, J., Ossokina, I. V., & Arentze, T. A. (2024). The impact of urban green space on housing value: A combined hedonic price analysis and land use modeling approach. Journal of Sustainable Real Estate. 16(1).

• Louwaars, N., Dons, H., Van Overwalle, G., et al. (2009). Breeding business: The future of plant breeding in the light of developments in patent rights and plant breeder's rights. Centre for Genetic Resources. / CGN Report 14.

• Masseroni, D., & Cislaghi, A. (2016). Green roof benefits for reducing flood risk at the catchment scale.?Environmental Earth Sciences, 75(7).

• Morakinyo, T. E., Dahanayake, K. W. D. K. C., Ng, E., & Chow, C. L. (2017). Temperature and cooling demand reduction by green-roof types in different climates and urban densities : A co-simulation parametric study. Energy and Buildings, 145, 21-32.

• Nikolaidou, S., Kloti, T., Tappert, S., & Drilling, M. (2016). Urban gardening and green space governance : Towards new collaborative planning practices. Urban Planning, 1(1).

• Panduro, T. E., & Veie, K. L. (2013). Classification and valuation of urban green spaces-A hedonic house price valuation. Landscape and Urban Planning, 120, 119-128.

AI 활용 및 집필 방식 고지
본 서는 국내외 법·제도, 학술 논문, 공공 보고서, 공식 통계 및 기관 자료를 기반으로 집필되었다. 다만 일부 개념 정리, 구조 도식화, 정책 시나리오 구성, 비교 분석 표 등은 저자의 현장 경험과 기획을 중심으로 인공지능(AI) 도구의 보조적 편집 및 정리 과정을 거쳐 작성되었다. 사실 관계와 수치 정보는 가능한 한 1차 출처를 통해 교차 확인하였으며, 해석과 이론적 확장은 저자의 책임 하에 이루어졌다.

정원경제학의 결론은 간단합니다.

조성하는 것은 기술이지만,
유지하는 것은 시스템입니다.

그리고 그 시스템을 만드는 것은,

리더의 결단입니다.

리더를 위한 제언

이제 예산안을 들고 의회로 가실 때 당당하게 말씀하십시오. 의원님, 우리는 지금 단순히 꽃을 심는 게 아닙니다. 매년 도로 복구와 살수차 비용으로 허공에 사라지는 예산을 붙잡아, 영구적인 도시의 자산으로 전환하려는 것입니다. 우리는 소모하는 것이 아니라, 미래에 투자하고 있습니다.

행정 효율, 단 하나의 예산으로 네 마리 토끼를 잡아라

융합이 곧 가성비입니다. 각 부서에 흩어진 예산(방재비, 에너지비, 환경개선비, 의료비)을 '정원'이라는 그릇에 모아 집행하십시오. 각자 쓰면 흩어지는 돈이지만, 합치면 방제, 에너지, 의료, 환경 등 4마리를 다잡는 기적을 볼 수 있습니다. 이것이 정원경제학이 추구하는 행정 효율이며 혁신입니다.

꽃이 밥 먹여 주냐는 냉소적인 질문에, 이제 데이터로 답하십시오. "네, 먹여 줍니다." 정원은 시민의 집값을 방어하는 안전한 울타리이자, 소상공인의 매출을 올려주는 유능한 영업사원입니다. 우리가 심는 한 그루의 나무는, 도시의 부(富)를 키우는 가장 확실한 경제적 자산입니다.

제4장.
일자리 혁명,
정원은 AI가 대체할 수 없는
'지식 산업'이다

정원은 아름다움을 만드는 사업이 아닙니다. 정원은 도시가 스스로 일자리를 만들어내는 구조를 갖추는 일입니다. 공장을 유치하지 못하면 일자리가 없다고 생각하는 시대는 지났습니다. 정원은 조성·관리·운영·콘텐츠·브랜딩까지 이어지는 다층적 산업입니다. 가드너, 나무 의사, 정원 치유사, 해설사, 크리에이터, 로컬 굿즈 창업가까지. 정원 하나가 전문직과 창업을 동시에 낳습니다. 더 중요한 것은 이것입니다. 이 일자리는 사라지지 않습니다. 기계가 대신할 수 없는 생명과 감성을 다루는 노동이기 때문입니다. 정원은 일회성 공공근로가 아니라, 지속 가능한 고용 생태계입니다. 정원을 선택하는 순간, 도시는 소비 도시에서 생산 도시로 전환됩니다. 콘텐츠를 생산하고, 브랜드를 생산하고, 자부심을 생산합니다. 그리고 그 모든 과정에서 사람이 일합니다. 청년은 일자리가 있는 곳으로 갑니다. 가능성이 보이는 곳으로 돌아옵니다. 정원은 비용이 아닙니다. 정원은 고용 인프라이자 도시 경쟁력입니다. 결단하십시오. 정원을 조성하는 것이 아니라, 일할 수 있는 구조를 조성하는 것입니다. 기계가 대신할 수 없는 생명을 다루는 일, 사람의 마음을 어루만지는 일, 그리고 지역의 아름다움을 전 세계에 알리는 일. 이 고귀한 노동의 가치를 인정하고 지원하십시오. 그때 우리 도시는 떠나는 도시가 아니라, 꿈을 가진 인재들이 돌아오는, 기회의 도시가 될 것입니다.

PART 2.
지방과 도시,
어디에, 어떻게 실행할 것인가?

도시는 위로(Vertical), 지방은 안으로(Local) 파고들어라

제5장.
건물 자체가
빗물을 저장하는 '댐'이자,
열을 식히는 '에어컨'이 된다

도시에 정원을 만들 땅이 없어 고민 많으시죠? 하늘을 보세요. 제5의 입면이라 불리는 광활한 수직 벽면과 배란다 그리고 옥상 영토가 방치되어 있습니다. 지금까지 옥상은 비가 오면 빠르게 물을 흘려보내는 위험을 안고 있었습니다. 혹은 쓰레기와 에어컨 실외기가 돌아가는 버려진 땅이었습니다. 하지만 빗물을 가두어 에너지로 사용하는 '전면 저수 시스템(Oasis System)'을 도입하는 순간, 이 죽어있는 공간은 도시를 홍수와 폭염으로부터 구하는 가장 강력한 방재시스템으로 변모합니다. 그리고 서울을 특별한 도시로 승격시키게 됩니다. 계산기를 두들겨 보십시오. 집중호우를 막기 위해 지하 40m 깊이에 수천억 원짜리 빗물 터널을 뚫는 토목 공사와, 민간 건물의 옥상을 지원하여 수만 개의 '미니 댐'을 만드는 것 중 무엇이 더 경제적입니까? 빗물 터널은 1년에 몇 번 올까 말까 한 폭우 때만 작동하지만, 옥상 정원은 365일 내내 단열재이자, 에어컨이며, 시민의 쉼터로 작동합니다. 가성비의 차원이 다릅니다. 이제 규제 대신 거래를 하십시오. 건물주에게 이익을 주고, 그 대가로 공공의 안전(치수)을 확보하십시오.

세금 한 푼 들이지 않고 서울의 지도를 녹색으로 바꾸는 비결, 그것은 규제 완화와 기술의 결합에 있습니다. 땅이 없다는 것이 장점이 되는 도시, 서울의 미래, 서울은 이미 가장 훌륭한 입체적 땅이 준비되어 있습니다.

제6장.
입체 정원,
스카이 가든웨이
Sky Garden Way

신호등 제로(Signal Zero)와 빗물을 머금은 선형 정원의 기적

우리는 그동안 도로를 자동차 중심으로만 설계했고 자동차를 위한 길이었습니다. 이제 사람을 위한 길, 소상공인을 위한 길, 시민의 생활 건강을 위한 길로 그리고 환경문제를 해결하는 ESG 인프라로 전환하십시오. 스카이 가든웨이는 막대한 토지 보상비 없이도 서울의 녹지율을 획기적으로 높이고, 죽어가는 소상공인 지역 상권을 살려내며, 시민들에게 신호등 없는 정원길로 출퇴근하는 삶을 선물하는 가장 혁신적인 공간 전략입니다. 이것은 제안이 아니

라 확신입니다. 회색 도로 위에 녹색 혈관을 뚫으십시오. 입체적
건물에 정원을 입히십시요. 서울은 세계최고의, 세계최대의 입체
정원도시가 되고, 다시 숨을 쉬기 시작하고 상권이 살아나 소상공
인의 행복한 일터가 될 것입니다.

**제7장.
마침내, 모든 길은
한강으로 흐른다**

지천에서 한강까지,
도시의 끊어진 혈관을 잇는
대동맥 프로젝트

지 금까지 우리는 환경복원이라는
단어에 갇혀 있었습니다. 하천
을 살리려면 반드시 아스팔트를 뜯어내고, 교통 체증을 감수해야
한다고 믿었습니다. 하지만 정원경제학의 해법은 다릅니다. 다시,
파내지 말고, 그 위에 덮으십시오. 그리고 연결하십시오. 도심의
도로는 그대로 둔 채 그 위에 물과 숲이 있는 새로운 지층을 만드
는 역발상의 기술, 이것이 가장 저렴하고 빠르게 도시의 끊어진 혈
관을 잇는 비결입니다. 시장님이 이 거대한 '그린 네트워크'를 완
성해야 하는 이유는 분명합니다.

하천을 복원하여 다시 하천에 자전거도로와 산책로로 깔아 시민
들에게 단순한 산책로를 주기 위함이 아닙니다. 한강으로 모여 드
는 막대한 에너지를 도시 깊숙한 골목의 상권으로 퍼 나르기 위함
입니다. 과거의 '한강의 기적'이 강변의 모래밭에 공장을 세워 만
든 산업의 기적이었다면, '제2의 한강의 기적'은 한강의 활력이 실

핏줄 같은 지천을 타고 흘러와 시민의 삶과 골목 경제를 살리는 상생과 연결의 기적이 될 것입니다. 적은 오직 우리만의 땅, 장소성을 깊이 들여다볼 때 시작됩니다.

제8장.
제2의
순천만 정원은 없다

벤치마킹의 함정,
남의 결과를 베끼지 말고
성공의 원인을 찾아라

우리 지역의 골칫덩이로 여겨졌던 폐광, 채석장, 폐공장, 혹은 쓰레기 매립장이라도 수천억 원의 가치를 품은 미래형 자산일 수 있습니다. 흉물을 가리거나 허물지 말고, 그 상처를 지역의 독보적인 브랜드로 전환하십시오. 전 세계가 주목하는 정원 경제의 핵심 전략을 간단히 요약해 드립니다.

1) 상처가 가장 강력한 콘텐츠가 됩니다.

100년 된 숲은 어디에나 있지만, 거친 암벽의 채석장과 녹슨 용광로는 우리 지역에만 있습니다. 부드러운 동선과 일상적인 예쁜 정원보다, 산업 현장의 거친 질감에 야생화가 피어나는 빈티지 정원이 MZ세대와 전 세계인을 열광시키는 강력한 사진 한 장을 만듭니다. 매립하거나 철거하는 삭제의 행정에서, 지형과 구조물을 살리는 재해석의 행정으로 전환하십시오.

2) 저비용으로 고효율 브랜딩을 하십시오.

팜 도미타의 무지개 꽃밭처럼, 매년 파종하는 단순 식물만으로도 누구도 베낄 수 없는 압도적 경관을 만들 수 있습니다. 에덴 프로젝트나 뷰차드가든처럼 산업의 결과물로 만들어진 지형이나 구조물을 활용하면, 일반적으로 구할 수 입체적인 공간감을 아주 적은 비용으로 확보할 수 있습니다. 화려한 대형 건축물을 짓기보다, 우리 지역에만 있는 지형적 특색에 맞는 정원 전략을 먼저 세우십시오.

3) 정원으로 돈이 되는 관광산업을 발굴하십시오.

정원은 단순히 보여주는 곳이 아닙니다. 정원으로 사람을 모으고, 그들이 지역의 음식을 먹고, 지역의 호텔에서 체류하며 지역의 문화를 경험하게 만드는 정원 경제 생태계를 설계하십시오. 네덜란드 퀴켄호프처럼 정원을 지역 특산물(구근, 식품 등)의 거대 홍보관으로 활용하여 수출과 유통의 전진기지로 삼아야 합니다. 정원 조성 단계부터 지역 농가, 소상공인과 협업하여 로컬 식재료 소비 체계를 함께 구축하십시오. 가장 지역적인 장소가 가장 세계적인 정원이 됩니다. 시장, 군수님의 결단으로 우리 지역의 흉물을 전 세계가 찾아오는 보물로 바꾸는 정원 경제의 기적을 시작하십시오.

체류는 현장에서 결정되지 않는다
'자랑할 이야기'를 설계하라

**제9장.
체류의 기술,
보는 광광에서
경험하는 관광으로**

체류의 기술은 '감'이 아니라 '관리'입니다. 이제 우리는 분명히 해야 합니다. 축제의 성패는 입장객 숫자가 아니라 얼마나 오래 머물렀는가, 그리고 얼마나 지역 안에서 소비했는가로 판단해야 합니다. 일본의 성공 사례들이 공통적으로 보여주는 점은 단순합니다. '관광객 수'가 아니라 '체류 시간'과 '지역 내 소비액'을 핵심 지표(KPI)로 관리한다는 것입니다. 방문객이 1시간 머물렀는지, 4시간 머물렀는지. 점심만 먹고 떠났는지, 저녁까지 소비했는지. 숙박으로 이어졌는지. 이것이 곧 지역경제의 실질 성적표입니다.

리더는 다음 네 가지를 직접 점검해야 합니다.

첫째, 평균 체류 시간을 수치로 관리하고 있습니까?
주말·평일·계절별 체류 시간이 집계되고 있는지, 체류 시간이 늘어나고 있는지 매월 보고받아야 합니다. 체류 30분 증가는 매출 증가와 직결됩니다. 측정되지 않는 것은 개선되지 않습니다.

둘째, 야간 소비가 발생하고 있습니까?
정원이나 축제 운영 시간 이후 지역 식당·카페 매출이 상승했는지 확인하십시오. 저녁 매출이 늘지 않는다면 체류는 실패한 것입니다. 밤이 비어 있으면 축제는 반쪽짜리입니다.

셋째, 상권 연계율이 이어지고 있습니까?

정원 출구에서 상권으로 자연스럽게 유입되는 동선이 실제로 작동하는지, 보행 연결률과 상권 유입률을 점검해야 합니다. 방문객이 정원만 보고 바로 떠난다면, 그 정원은 고립된 섬에 불과합니다.

넷째, 디지털 흔적이 쌓이고 있습니까?

방문객의 SNS 태그 수, 재방문율, 멤버십 가입률을 데이터로 관리하십시오. '○○정원'이라는 이름이 온라인에서 얼마나 언급되는지, 계절이 바뀌어도 다시 호출되고 있는지 확인해야 합니다. 기억은 데이터로 남을 때 자산이 됩니다. 리더의 역할은 '화려한 개장식'을 하는 것이 아닙니다. 개장 이후 매달 무엇이 늘고, 무엇이 줄었는지를 냉정하게 파악하고 관리하는 일입니다. 입장객 숫자만 늘고 저녁 매출이 오르지 않는다면 그 정원은 예산을 소비하는 시설에 불과합니다. 그러나 체류 시간이 늘고, 지역 식당 매출이 오르고, 숙박률이 상승하며, SNS에서 자발적 언급이 확산된다면 그 정원은 지역을 먹여 살리는 인프라가 됩니다.

풀리지 않는 숙원 사업의
만능열쇠, '덮어서(재생)' 가치를 올려라

**제10장.
역발상의 개발 :
님비(NIMBY)를 랜드마크로**

기피 시설 문제를 해결하는 방법은 단 하나입니다. 옮기는 것이 아니라, 가치를 바꾸는 것입니다. 우리는 그동안 님비 시설을 '없애야 할 문제'로만 바라보았습니다. 그래서 늘 같은 방식으로 접근했습니다. 이전 부지를 찾고, 주민 반발에 부딪히고, 결국 아무것도 해결하지 못한 채 시간을 흘려 보냈습니다. 하지만 이 문제는 공간의 문제가 아니라 관점의 문제입니다. 옮길 수 없다면, 덮으십시오. 그리고 그 위를 도시의 가장 가치 있는 공간으로 바꾸십시오. 이것이 정원경제학이 제안하는 해법입니다.

첫째, '이전'이 아닌 '전환'을 공식 전략으로 선언하십시오.
기피 시설 이전 공약은 정치적으로는 매력적이지만, 행정적으로는 실현 불가능한 경우가 대부분입니다. 중요한 것은 문제를 회피하는 것이 아니라, 그 자리에서 가치를 재설계하는 것입니다. 하수처리장, 소각장, 매립지 위를 덮고 그 위를 공원과 정원, 문화 공간으로 바꾸는 순간, 그 공간은 더 이상 혐오시설이 아니라 도시의 핵심 자산이 됩니다. 이것은 타협이 아니라, 가장 강력한 개발 방식입니다.

둘째, '혐오시설'을 '랜드마크'로 설계하십시오.
단순한 녹화로는 부족합니다. 이 공간은 반드시 '일부러 찾아오는 이유가 있는 장소'가 되어야 합니다. 사계절 정원, 야간 경관, 온실, 축제, 체험 프로그램을 결합해 그 지역의 상징이 되는 '각인 정원'을 만드십시오. 사람은 문제를 피하는 공간이 아니라, 이야기가 있는 공간으로 모입니다. 정원은 그 이야기를 만드는 가장 강력한 도구입니다.

셋째, 이 사업을 '환경 개선' 이 아니라 '경제 프로젝트' 로 추진하십시오.

이 사업의 본질은 미관 개선이 아닙니다. 자산 가치 상승과 상권 회복, 도시 이미지 전환입니다. 정원이 들어서는 순간 사람이 오고, 체류가 생기고, 소비가 발생합니다. 그 결과는 명확합니다. 주변 부동산 가치가 상승하고, 상권 회복 및 창업이 증가하며, 도시의 브랜드 이미지 개선은 당연한 결과 입니다. 이것은 비용이 아니라 투자입니다.

넷째, 결단의 속도를 높이십시오.

이 사업은 기술적으로 어려운 사업이 아닙니다. 이미 검증된 방식이며, 필요한 것은 기술이 아니라 결정입니다. 리더가 결정을 미루는 순간 문제는 그대로 남고, 주민의 불만은 누적됩니다. 반대로, 결단하는 순간 도시는 단기간에 분위기가 바뀝니다. 정원은 가장 빠르게 도시의 이미지를 바꾸는 인프라입니다.

마지막으로, 리더는 스스로에게 이 질문을 던져야 합니다.

　"이 문제를 다음 임기로 넘길 것인가,
　아니면 내 임기 안에 도시의 자산으로 바꿀 것인가?"

　정치는 문제를 설명하는 일이 아니라, 문제를 전환하는 일입니다. 님비 시설은 도시의 약점이 아닙니다. 리더의 결단에 따라, 그곳은 가장 강력한 성장의 출발점이 될 수 있습니다.

'공무원'은 발령 나면 떠나지만, '시민 정원사'는 마을에 남는다

제11장.
지속 가능성의 열쇠,
관(官)주도에서
민(民)주도로

지속 가능성은 '시설'이 아니라 '구조'에서 나옵니다. 지금까지 우리는 정원 조성에 집중해 왔습니다. 예산을 확보하고, 설계를 발주하고, 테이프 커팅식을 하고, 사진을 남겼습니다. 그러나 3년 뒤 그 정원이 어떤 모습인지 묻는 질문에는 답하기 어려운 경우가 많습니다.

문제는 기술이 아니라 구조였습니다. 관리의 주체가 떠나는 사람에게 있었기 때문입니다. 공무원은 순환보직으로 이동합니다. 그러나 시민은 그 자리에 남습니다.

지속 가능성의 해법은 분명합니다. 관리 권한과 책임을 시민에게 이양하십시오. 시민 정원사를 양성하고, 정원을 입양시키고, 신중년을 그린 칼라 전문직으로 전환하며, 정원을 의료·복지 시스템과 연결하십시오. 이 네 축이 함께 작동할 때 정원은 사업이 아니라 문화가 됩니다.

첫째, 시민 정원사를 체계적으로 양성하십시오.

자원봉사가 아니라 준전문가를 키워야 합니다. 교육과 인증, 책임 구역 배정, 평가 체계를 갖추십시오. 예산은 일회성 시설비보다 사람에게 투자해야 합니다.

둘째, 정원 입양제도를 제도화하십시오.

기업, 상인회, 학교가 구역을 맡고 이름을 걸게 하십시오. 주인의
식은 최고의 유지관리 기술입니다. 행정은 감독자이자 지원자가
되면 됩니다.

셋째, 신중년을 그린 칼라 전문직으로 전환하십시오.

공공근로를 반복하는 대신, 지역 생태를 책임지는 마을 정원사로
재정의하십시오. 복지 예산은 소비가 아니라 생산적 투자로 전환
될 것입니다.

넷째, 정원을 의료·복지와 연결하십시오.

치유 정원 프로그램을 통해 우울, 고립, 스트레스를 완화하십시오.
예방 의학은 가장 비용 효율적인 행정입니다. 정원은 병원 이전의
회복 공간입니다.

리더가 점검해야 할 질문은 단 하나입니다.

"이 정원은 5년 뒤에도 잘 관리되고 운영될 것인가?"

시설은 돈으로 만들 수 있습니다. 그러나 문화는 구조로 만들어
야 합니다. 관이 주도하면 정원은 사업으로 끝나지만, 민간이 주도
하면 정원은 세대에 걸쳐 이어집니다. 지속 가능성은 예산의 크기
가 아니라, 얼마나 많은 시민이 그 정원을 '내 일'로 받아들이는가
에 달려 있습니다. 정원이 지역의 자산이 됩니다.

물과 흙을 모르는 정원은
반드시 무너진다

정원을 '경관 사업'이 아니라 '도
시 운영 시스템'으로 보십시오.
시장님, 정원을 꽃밭으로 보지 마십시
오. 정원은 도시의 생존 구조이자 운영 시스템입니다. 정원이 실패
하는 이유는 대개 예쁘게 만들지 못해서가 아니라 살아남게 하는
구조를 갖추지 못해서입니다.

이제 리더의 역할은 조성을 지시하는 것이 아니라, 지속 가능성
을 담보하는 구조를 설계하는 것입니다.

정원 정책을 시작할 때 반드시 다음 질문부터 하십시오.

- 이 정원은 토양과 배수 계획이 설계의 첫 페이지에 있는가?
- 식물의 생리와 상호 경쟁 관계가 식재 계획에 반영되었는가?
- 폭염과 폭우 예측에 따라 선제적으로 움직일 수 있는
  관리 체계가 구축되어 있는가?
- 시민의 행동 데이터가 운영에 반영되어,
  이용 요구에 맞게 정원이 조정되는 구조인가?
- 그리고 이 모든 것을 보장할 수 있도록 계약이 준비되어 있는가?

정원은 결국 사람과 식물의 만남입니다. 시민이 어디에서 머무는
지, 무엇을 좋아하는지, 어떤 불편을 느끼는지를 읽어야 하고, 식

물이 어떤 스트레스를 받는지, 어떤 조건에서 무너지는지를 수치로 관리해야 합니다.

데이터는 정원의 적이 아닙니다. 데이터는 정원을 오래 살게 하고, 시민 만족도를 유지하며, 불필요한 재시공 예산을 줄이는 가장 강력한 도구입니다. 싸게 만들고 매년 고치는 방식은 절약이 아니라 소모입니다. 처음부터 토양·물·구조·데이터·계약을 제대로 설계하면, 정원은 100년 가는 도시 자산이 됩니다. 정원은 지속 가능한 생명활동입니다. 그러나 그 생명을 지키는 것은 차가운 공학과, 과학적 운영, 그리고 리더의 결단입니다.

이름값이 아니라 '생존율'을 믿고, 아마추어가 아닌 '프로 기업'과 손잡아라

제13장.
글로벌 파트너십의 함정과
장인(Master) 전략

어설픈 아마추어에게 맡기지 마십시오, 그리고 세계적 명성의 해외 전문가에게 전적으로 맡기지 마십시오. 국내 장인들을 이용하십시오. 정원은 우리 기후와 식물을 잘 아는 국내 전문가도 얼마든지 많습니다. 다만, 국내 최고의 장인(Master)과 글로벌 육종 기업이 참여하는 드림팀을 꾸리고 설계, 토양, AI전문가와 협업하게 하십시오. 그리고, 우리 지역에서만 볼 수 있고 전 세계로 수출되는 '독점적 신품종'을 만들어 독점적 우수성이이라는 독보성을 만드십시오. 그러기 위해서도 계약 방식을 적극적으로 이용하십시오. 우리 지역만을 위한 유일한 장소성과 유일한 독보성이 담보될 때 세계최고가 되고 프라이드가 되며, 정원경제가 살아납니다.

"예쁘다"는 말 대신 숫자로 보고하게 하십시오

**제14장.
데이터 행정**

정원은 감성으로 시작하는 정책입니다. 그러나 행정은 감성으로 완성되지 않습니다. 정원을 만드는 일은 공간을 바꾸는 일이지만, 정원의 효과를 계량하는 일은 도시의 재정 구조를 바꾸는 일입니다.

"예쁘다"는 말은 시민의 마음을 움직입니다. 그러나 "연 5억 원 절감"이라는 말은 예산을 움직입니다. 정원 정책이 일회성 사업이 아니라 도시 전략으로 남기 위해서는, 반드시 숫자로 설명되어야 합니다. 그때 비로소 정원은 취미나 장식이 아니라, 도시 경영의 핵심 인프라로 자리 잡게 됩니다.

존경하는 시장님, 군수님. 정원은 시민이 가장 먼저 체감하는 정책입니다. 그러나 동시에, 가장 쉽게 예산 조정의 대상이 되는 정책이기도 합니다. 그 이유는 단 하나입니다. 효과가 체감은 되지만, 수치로 증명되지 않기 때문입니다. 이제 관점을 바꾸셔야 합니다. 정원을 조성하는 것보다 더 중요한 일은, 정원의 효과를 계량하는 체계를 먼저 만드는 일입니다. 기획 단계에서부터 '무엇을 측정할 것인가', '어떤 지표로 비교할 것인가', '재정적으로 어떻게 환산할 것인가'를 설계하십시오. 그래야 정책이 완결됩니다.

첫째, 정원 사업에는 반드시 성과지표(KPI)를 의무화하십시오.
조성 면적이나 수목 수량이 아니라, 온도 저감 수치, 체류시간 증가율, 매출 변화율, 에너지 절감액 같은 결과 지표를 보고받으십시오. 형용사가 아니라 숫자로 보고하도록 지시하십시오.

둘째, 기존 데이터를 활용한 융합 분석 체계를 구축하십시오.
새로운 장비를 사기보다, 이미 존재하는 기상·유동·매출·의료·에너지 데이터를 연결하는 시스템을 만드십시오. 정원은 여러 부서가 함께 만드는 정책입니다. 따라서 데이터 역시 부서를 넘어 통합 관리되어야 합니다.

셋째, 모든 성과는 반드시 재정 효과로 환산하여 보고받으십시오.
온도 하락은 냉방비 절감으로, 침수 감소는 복구비 절감으로, 체류시간 증가는 매출 증가로 연결되어야 합니다. 정책의 최종 언어는 결국 재정입니다. 환산되지 않은 성과는 예산의 중심에 설 수 없습니다.

넷째, 정원 정책을 단일 부서 사업으로 두지 마십시오.
정원은 환경 정책이면서 경제 정책이고, 복지 정책이면서 방재 정책입니다. 성과 대시보드를 구축하여 정기적으로 보고받으십시오. 시장 집무실에서 정원 관련 지표가 다른 핵심 정책 지표와 함께 관리될 때, 정원은 비로소 도시 전략의 중심에 서게 됩니다.

다섯째, 시민에게도 숫자로 설명하십시오.

'우리 시는 3년간 정원을 통해 냉방비 12억 원을 절감했습니다.' '정원 거리 조성 이후 공실률이 절반으로 줄었습니다.' 이와 같은 메시지는 단순한 홍보가 아니라, 정책에 대한 신뢰를 쌓는 과정입니다.

녹지업무로는 부족합니다. 정원은
도시 운영 전체를 바꾸는 통합 인프라입니다

**제15장.
조직 혁신,
정원도시 컨트롤타워**

정원을 공원녹지과 업무로만 두지 마십시오. 정원은 문화이면서 동시에 방재 · 기후 · 보건 · 경제 · 교통이 겹쳐지는 도시 인프라입니다. 과 단위로는 절대 혁신할 수 없습니다. 권한을 묶고 예산을 묶는 국 · 실 단위 컨트롤타워를 만드십시오.

부서 협조가 아니라 통합 설계 · 통합 발주 · 통합 평가가 되게 하십시오. 중복 굴착을 없애고, 민원을 줄이고, 예산을 줄이십시오. 그리고 절감된 예산을 다시 품질과 유지관리로 돌리십시오. 그때 정원은 1회성 행사가 아니라 도시의 자산이 됩니다.

정원도시는 나무를 많이 심는 도시가 아닙니다. 도시 운영 비용을 줄이고, 시민의 체류와 소비를 늘리고, 건강 비용을 낮추는 도시입니다. 그 목표를 달성할 수 있는 조직 구조부터 바꾸십시오. 그때 비로소, 정원경제도시는 구호가 아니라 시스템이 됩니다.

정원, 꽃을 심는 일이 아니라 지역경제 인프라로 말하세요

제16장.
필승 공약 매뉴얼,
표심을 잡는 공간 전략

정원 공약은 '기본 옵션'이 아니라 '승부수'가 되어야 합니다.

존경하는 후보자님.

이번 민선 9기에서 정원 정책은 선택이 아니라 기본이 될 가능성이 큽니다. 여러 지자체가 이미 정원 정책을 앞다투어 추진하고 있습니다. 그렇다면 승부는 '정원을 만들겠습니다.'가 아니라, '정원을 어떻게 이해하고 운영하겠다'는 준비된 철학에서 갈립니다. 정원을 환경 사업으로 이해하는 후보는 '예쁜 도시'까지만 말합니다. 정원을 경제로 이해하는 후보는 '주변을 아름답게 만들어 자산을 지키고, 매출을 올리고, 비용을 줄이는 도시'를 말합니다.

『정원경제학』을 공부한 후보의 언어는 달라야 합니다. 정원을 꽃밭이 아니라 경제 인프라로 설명하고, 그 효과를 KPI로 측정해 예산과 의회를 설득하겠다고 약속하십시오. 그리고 정원이 만드는 체류와 소비의 흐름을 지역 경제로 연결하는 계획을 제시하십시오. 정원은 감성으로 출발하지만, 경제로 완성됩니다. 후보가 이 구조를 정확히 말할 수 있을 때, 정원 공약은 표심을 넘어 도시의 미래 전략이 됩니다.

관료 조직의 관성(Inertia)을 뚫고,
변화의 깃발을 꽂아라

제17장.
골든타임
100일 로드맵

정원으로 체급을 올리십시오. 서울의 다음 리더를 기다리는 시민들의 눈은 단 하나를 보고 있습니다. 누가 말을 잘 하는가가 아니라, 누가 도시를 실제로 바꿔본 사람인가입니다.

이미 우리는 몇몇 리더의 사례에서 그 가능성을 확인했습니다. 오세훈 시장은 정원을 도시 브랜드 전략으로 끌어올렸고, 정원오 구청장은 도시 자산을 경제 축으로 연결하는 설계 능력으로 거론되고 있으며, 오승록 구청장은 숲과 정원을 체류와 콘텐츠로 전환했고, 박우량 전 군수는 꽃과 섬을 지역경제의 동력으로 만들었습니다. 이들의 공통점은 분명합니다. 정원을 '꽃밭'이 아니라 '경제 구조'로 다루었다는 점입니다. 정원은 꽃이 아닙니다. 정원은 체류시간이고, 매출이고, 자산이고, 도시 브랜드입니다. 당선인님도 할 수 있습니다. 정원으로 스타가 되는 비결은 특별한 재능이 아니라 구조입니다.

첫 달에는 권한을 정렬하십시오. 정원경제 TF를 만들고, 결재 1호로 방향을 박으십시오. 둘째 달에는 장면을 만드십시오. 앵커 공간 하나를 전광석화처럼 바꾸어 시민에게 보여주십시오. 셋째 달에는 제도와 예산으로 대못을 박으십시오. 조례를 만들고, 인센티브를 설계하고, 예산에 반영하십시오.

이 100일의 과학을 지키는 순간, 정원도시는 표류하지 않습니다. 그리고 그때부터 정원정책은 '좋은 일'이 아니라, 이기는 정치가 되고 도시의 서민 경제가 됩니다.

정원은 도시를 바꾸는 도구이자, 리더의 체급을 바꾸는 전략입니다. 이제 선택은 시장님의 몫입니다. 시장님도 할 수 있습니다. 정원으로 스타가 되는 비결은 특별한 재능이 아니라 구조입니다.

제18장.
리스크 매니지먼트 :
지속 가능성의 조건

조성하는 것은 '기술'이지만, 유지하는 것은 '시스템'이다

정원을 지키는 사람만이 정원경제를 얻는다. 정원을 만드는 일은 기술로 가능합니다. 설계와 예산, 시공으로 완성할 수 있습니다. 하지만 정원을 지키는 일은 기술이 아니라 결단입니다.

첫째, 유지관리 기금을 제도화하십시오.
'관리하겠습니다'라고 말하지 말고, 관리할 수밖에 없도록 조례와 예산 구조를 바꾸십시오. 조성비의 10% 이상을 유지관리 재원으로 의무 편성하겠다고 선언하는 순간, 정원은 행사에서 인프라로 격상됩니다.

둘째, 초기 3년을 '집중 관리 기간'으로 지정하십시오.
정원의 성패는 이 3년에 결정됩니다. 이 기간의 예산은 비용이 아니라 뿌리를 내리게 하는 투자입니다. 이 투자를 놓치면 훗날 더 큰 교체 비용이 기다립니다.

셋째, 시민을 '관람객'이 아니라 '공동 소유자'로 모시십시오.

시민 참여 식재, 시민 정원사, 내 나무 이름표 같은 작은 장치들이 정원을 가장 강력하게 지켜냅니다. 정원을 지키는 것은 사람이고, 그 사람은 결국 시민입니다.

넷째, 데이터를 남기십시오.

정원이 '예쁘다'는 말은 오래 못 갑니다. 체류시간, 민원 감소, 시설 파손율, 상권 매출 변화 같은 숫자가 정원을 살립니다. 관리 데이터는 다음 해 예산을 지키는 방패이기도 합니다. 정원은 잘 만들면 칭찬받습니다. 그러나 잘 유지한 리더만이 정원경제를 얻습니다.

정원경제학의 결론은 간단합니다.
조성하는 것은 기술이지만, 유지하는 것은 시스템입니다.
그리고 그 시스템을 만드는 것은
리더의 결단입니다.

정원 경제학 2

초판 1쇄 펴낸날 2026년 4월 6일

지은이 박공영
펴낸이 박공영
펴낸곳 (주)우리씨드
주소 경기도 이천시 모가면 진상미로 924번길 87
전화 031-634-7990 • **팩스** 031-715-7999
홈페이지 www.uriseed.co.kr

유통 도서출판 한숲
신고일 2013년 11월 5일 • **신고번호** 제2014-000232호
주소 서울특별시 서초구 방배로 143, 2층
전화 02-521-4626 • **팩스** 02-521-4627 • **전자우편** landscape@lak.co.kr

Editing & Design 양선경
Print 마레디자인

ISBN 979-11-87511-50-2 93520

• 책값은 뒤표지에 있습니다.
• 파본은 구입처에서 교환하여 드립니다.

정원 경제학 | 2

도시의
부(富)를
경영하는
녹색전략